U0348318

做好生活选择题——39节课

陪你在奋斗路上开挂好心情

刘文勇 ◎ 著

中国农业科学技术出版社

图书在版编目（CIP）数据

做好生活选择题 / 刘文勇著 . — 北京：中国农业科学
技术出版社，2019.4
　ISBN 978-7-5116-4011-6

　Ⅰ . ①做… Ⅱ . ①刘… Ⅲ . ①本册②人生哲学—青年
读物 Ⅳ . ① TS951.5 ② B821-49

　中国版本图书馆 CIP 数据核字（2019）第 001829 号

责任编辑　褚　怡　穆玉红
责任校对　李向荣

出 版 者　中国农业科学技术出版社
　　　　　　北京市中关村南大街 12 号　邮编：100081
电　　话　（010）82109707　82106626（编辑室）　（010）82109702（发行部）
　　　　　　（010）82109709（读者服务部）
传　　真　（010）82106626
网　　址　http://www.castp.cn
发　　行　各地新华书店
印 刷 者　北京富泰印刷有限责任公司
开　　本　787 mm×1 092 mm　1 /32
印　　张　5.75
字　　数　260 千字
版　　次　2019 年 4 月第 1 版　2019 年 4 月第 1 次印刷
定　　价　29.90 元

　　我出版过近40本图书了，却还从来没有像您手中这本一样：零零碎碎，松松散散，没有统一的主题。而这些碎片还一攒一大堆，有点像是我家楼下的杂货铺，看上去不大，可杂七杂八的啥都有。其中有部分文章，在"文勇图书馆"（wenyonglibrary）这个微信公众号上发表过。公众号是我的游乐场，读者们也从不要求我有什么主题：开开心心就好。

　　其实，几乎在任何语境下，"没主题"都不是一个正面的词。小时候，老师教导着我们应该"努力学习，天天向上"——"学习"是主题，"向上"是方向。只有好好学习，才能获得高分，才是得意扬扬的前提，才能成为我们向师长邀功请赏的本钱。

　　我的前半生显然是个"主题明确"的好孩子。大家说读书好，我就努力读书，读本科读硕士读博士，做博后做访学进大学。既然这时的主题是"读书"，那就把书读到通透，把能拿的学位都拿到为止。

　　后来，人们又说"万般皆下品，唯有创业高"。牛人必须要创业，要带大团队，我便开始创业（教育公司），然后被收购，然后再创业（软件公司），然后再被收购——我把商业的几种模式都试了试水，我的人生看上去跌宕起伏、风生水起，自己也是乐不思蜀。

　　再后来，有个挂职的机会，我便屁颠屁颠地准备跑去申请副县长，好在被朋友们给拉住了："你还真是什么方向都想跑一跑啊，也不给自己的人生规划个主题！"哎呀哎呀，其实人生需要啥主题呢？最终都是寻开心而已啊。

晚清词人郑文焯在《半雨楼丛钞》中说到：

"不为无益之事，何以悦有涯之生"。

这句话读起来很有意思，**"我们要是不做一些无意义的事儿，又将如何能取悦这个有尽头的人生呢？"**但显然逻辑不通，强词夺理，只图念起来对仗、痛快。后来的文人墨客们常常将这句话之中的"悦"字改写成"遣"字，显得凄凉有意境。可我觉得还是"悦"字好。人啊，活着不就是为了取悦自己么？小时候思维窄，人生就是读书，可长大了之后呢？每个人都有自己的人生方向，各自散开，过着"千奇百怪"的生活，就像是"夜晚的烟花，四散的都是风景"。

这本书记录了我在生活中的"若干纠结"与"寻到的诸多乐子"。我写得随性，您也看着不用太认真。顺便还可以读读鸡汤温习一下英文，涂画一下每段文字的读后心情，就可以了。

文勇

2019 年春

目 录
CONTENTS

第 一 课　工作从放松开始—— 玩游戏没有什么了不起 / 1

第 二 课　一本正经地开始思考人生——我们这么辛苦努力是为了谁？ / 5

第 三 课　做你自己的主人——别人说，自信要有个限度……啥限度？ / 8

第 四 课　试错，不要假装很忙碌地消磨时间——我们该"冒冒失失地总是试错"还是"谨小慎微地面对这个世界"？ / 13

第 五 课　听个故事，放松一下—— 我给你讲个自己的创业小故事 / 17

第 六 课　快节奏的生活和碎片化的信息时代 —— 碎片化的社会到底给我们带来了什么？ / 23

第 七 课　工作步入正轨，开始另一个重要话题—— 我到底要不要减肥？ / 27

第 八 课	遇见爱情了—— 如何表达我的爱？ / 30
第 九 课	比爱情再多一点遐想—— 如果你有孩子，你会为他做点什么？ / 34
第 十 课	黑夜给了我黑色眼睛—— 不如就，一起散散步？ / 38
第十一课	关于学习—— 我这么老了还要从零基础开始学习编程么？ / 41
第十二课	遇事不纠结—— 遇到实在决定不了的事儿，应该怎么办？ / 45
第十三课	别忘了除了工作，还有家庭—— 要是生小孩，会不会责任特重大？ / 49
第十四课	奇迹每天都在发生—— 你也曾有令人意外却欣喜的重逢么？ / 52
第十五课	生命就像一盒巧克力—— 舞会上约不到女伴怎么办？结果往往出人意料？ / 56
第十六课	临近年半，值得反思一下—— 待办事项列表真的很重要么？ / 59
第十七课	生活或工作，都应记得回头看一下—— 每天都是一根平淡的分隔线 / 62
第十八课	做计划 or 换装备—— 你会如何说服自己读更多的书？ / 66
第十九课	未知并不可怕—— 我们所有的努力，不都是为了见到更宽广的未知世界么？ / 70

第 二 十 课　如何更好地炫富？ / 74

第二十一课　深夜食堂，慢慢喝粥——你最爱吃的夜宵是啥？ / 81

第二十二课　在最关键的时刻记得给最好的朋友记录下来——谨以此文祭奠我们的青春 / 85

第二十三课　就是高兴不起来怎么办？ —— 想想那个叫西西弗斯的中年人 / 94

第二十四课　年龄再大也没关系—— 更老的我已经做好准备 / 98

第二十五课　雄性激素爆发期——你生活中也记得要"抢七" / 104

第二十六课　给自己定一下小目标——比如写一本书 / 110

第二十七课　职场新人—— 如何对待自己的新工作？ / 114

第二十八课　适当地放松很有必要—— 一部励志电影能给你带来什么？ / 119

第二十九课　人在江湖　难舍美味——我心心念想的椰子鸡 / 122

第 三 十 课　老生常谈却又不得不面对—— 奇怪却有效的减肥之旅（上）/ 127

第三十一课　老生常谈却又不得不面对—— 奇怪却有效的减肥之旅（中）/ 133

第三十二课　老生常谈却又不得不面对—— 奇怪却有效的减肥之旅（下）/ 139

第三十三课　爱情，比什么都重要—— 爱情到底是个啥？ / 142

第三十四课　讨厌开会——你是否和我一样 / 147

第三十五课　人生需要积累—— 当我们讨论"积累"时，具体

指积累些啥？ / 153

第三十六课 关于消费—— 如何说服自己购买最新的电子产品？ / 158

第三十七课 看准了你再跳啊—— 为什么加入小企业可能是一个好主意？ / 165

第三十八课 一招不慎 满盘皆输—— 细节和名声都很重要 / 170

第三十九课 "你有多爱我"—— 如何回答"你有多爱我"？ / 173

工作从放松开始

——玩游戏没有什么了不起

心情随笔

Entertainment and art are not isolated.

——Martin Kippenberger

娱乐和艺术不是相互独立的。

——马丁·基彭伯格

Youth lives on hope, old age on remembrance.

——George Herbert

年轻人生活在希望中，老年人生活在回忆里。

——乔治·赫伯特

Youth is happy because it has the capacity to see beauty. Anyone who keeps the ability to see beauty never grows old.

——Franz Kafka

年轻人是幸福的，因为他们拥有发现的能力。任何人，只要保持发现美的能力，就永不会变老。

——卡夫卡

这几天我玩了三个游戏，沉迷于其中，不能自拔，他们分别是——

    1. 王者荣耀

    2. 皇室战争

    3. 阴阳师

没错，这几乎就是热门排行榜上最火的三个游戏了（不知道在各位读者捧起书的时候，它们是否还在流行）。作为一个"土人"，我是刚刚才开始玩儿这三个游戏的，感谢旺旺老师的推荐，让我不至于落后于时代。

这些游戏的细节处理得真好啊，不只是清晰或流畅（那是硬件的事儿），更多是游戏设计和反馈机制，这些游戏的的确确已经达到了我对"游戏机制"可以想象到的边界。可当我埋头于游戏不能自拔时，人们往往会摇摇头，说这么大的人了，居然还不干正事儿，跟个小孩子一样。更熟悉的一些朋友，则担心我会沉溺其中，提醒我说作为一个读书人，是不是不该有这种"低级趣味"。

可我并不认为"王者荣耀"是低级趣味。

娱乐是很难（本就不应该）区分高下的：热衷于古典音乐的人未必就更高级——那只是另一种取悦自己的方式而已。**基于社会规范与文化生成的"娱乐方式鄙视链"会随着时间不断调整，而意识到"这种链条会随着文化变化而波动"**

无疑将瓦解其存在的正当性。值得一提的是，早期的歌剧中充满了令人脸红的小段子／小暗示；LSD（迷幻剂）刚刚出现的时候，是有钱人才能尝试的上层娱乐方式呢。而现在的文化环境则认为歌剧是高雅而富有姿态的上层活动，却不再会有人认为吸食 LSD 是件很酷的事情了。

所以啊，只要能有趣，能够使得自己身心愉悦（而且对身体没有伤害），能片刻跳出原有的生活情景，那就是一种不错的娱乐方式了。

更重要的是，对于当下年轻人喜欢的东西，即便不喜欢，也非得尝尝看不可。

作为中年人，特别是一个已经进入并尝试融入社会规范那么多年的中年人，一定要反复多遍地告诫自己，不要对于最新奇的、年轻人最喜欢玩的东西有抗拒心理。事实上，尽管"年迈的"中老年人掌握了文化与规范的话语权，但年轻人的行为模式才是未来，是否接纳他们对这个社会运作模式的理解（并不简单是所谓的"人情世故"，更多的是社会变化趋势的思考），才是一个人是否能够取得世俗意义的成功的关键所在。

新商业模式的种子有着奇妙的生命力，他们不是突然爆发也不是随机产生的。这些种子，在诸多"包着金边儿的"分析行业大势的图书之中没有，在中年秃顶的电视学者的唾沫星子之中没有，在高端大气覆盖一面墙那么大的 PPT 投影仪之中没有。这些种子根植于年轻人的思维土壤，展现于年轻人的行为模式，富有野草般的狂野生命力，而"中老年人"却全然不知——正如他们正在被悄无声息地抛弃一样。

那中年人该怎么办？分析年轻人、假装年轻人、融入年轻人，将这样的心态带入对自己所做的商业选择的评判之中，同时期待年轻人手下留情。如果你还年轻，别太得意，想想正在茁壮成长的弟弟妹妹们，有没有脊背发凉？

第 二 课

一本正经地开始思考人生
——我们这么辛苦努力是为了谁？

心情随笔

Within you I lose myself, without you I find myself wanting to be lost again. (Proverb)

有了你，我迷失了自我。失去你，我多么希望自己再度迷失。（谚语）

Real love stories never have endings.

——*Richard Bach*

真正的爱情故事从来不会结束。

——理查德·巴赫

Don't cry because it is over, smile because it happened.

——*Seuss*

不要因为结束而哭泣，微笑吧，为你的曾经拥有。

——苏斯

游戏界面

这个话题很大，还是让我从我爱玩儿的游戏来说起。

有一个简单得近乎简陋的游戏叫作 Passage[①]。是我从一本小众的游戏介绍杂志上看到的它的简介，评价是"该游戏是如此发人深省"，我在想一个游戏怎么可能用"发人深省"这样吓唬人的单词来形容，于是就下载了下来。

这个游戏的设计实在算不得精美：从开始，到最后，能控制的都只是一个勉强能看出人形的小像素人。像素人从屏幕的左边，被控制着走过一个小迷宫，走向屏幕的右边，没有"起点"，更没有"终点"。无论你走了多远，在 5 分钟后，这个小像素人，都会突然变成一块墓碑。想来，长长的横向屏幕应该是代表了人的一生，一开始只有未来，前途模糊，没有过去。当逐渐往右迁移，留在身后的便是回忆；而前面，是更加清晰也更加短暂的未来。

———————

① Passage 是美国游戏设计师 Jason Rohrer 的游戏作品，可登录 http://hcsoftware.sourceforge.net/passage/ 下载。

我原以为这个游戏是为了鼓励玩家获得尽量多的分数而设计的，于是我在这短短5分钟的旅程中，疯狂地寻找迷宫之中的宝藏来提高分数（是的，我有一盘获得了1 500多分）。可我突然发现：这个游戏根本不在乎你能得多少分，所获得的分数越高，突如其来的墓碑就会让画面显得愈发空旷。没有人会记得你得了多少分，游戏的系统不记录，也查不到，它也根本不在乎。5分钟之后，一切都会消失，留下的只有墓碑。

其实，从起点刚刚走出几步，就有机会遇到一个"女像素人"，玩家可以避开她，也可以与她相爱。若是避开她，孤身上路，便可以心无旁骛，一路东行，所有的路口都可以轻松地进入，所有的宝藏都可以被获得，但是，却很孤独，直到变成那个属于自己的墓碑。若是与她相爱，从此两个"人"一起探险人生，尽管会变得不再敏捷，尽管有很多的宝藏都因为是两个人的缘故而绕不进去，尽管有很多的路口都因为是两个人而不得不多走些路程。可是，毕竟是两个人啊。

按照游戏设定，女像素人会在四分三十秒的时候，先变成墓碑，这时的你，再也不愿意向前寻宝，只想最后的三十秒尽快过去，因为那时自己能变成另一块墓碑，能立在她旁边，能躺在她身边。

做你自己的主人

——别人说，自信要有个限度……啥限度？

It is always the adventurer who accomplish great things.

——Montesquieu

成大事者往往是冒险家。

——孟德斯鸠

Nothing venture nothing have.

——John Heywood

不入虎穴，焉得虎子。

——约翰·海伍德

The greatest test of courage on earth is to bear defeat without losing heart. (Proverb)

世界上对勇气的最大考验是忍受失败而不丧失信心。（谚语）

　　我时不时会惹团队的同事们不开心，而且是很不开心。这十之八九都源自我"没有想好就开始尝试"的观念。这种念头要是成功了倒也好说，要是失败了，我就只能灰溜溜地给大伙儿道歉。可下次，依旧会这样做——大家戏称为"虚心接受，坚决不改"。

　　"想好了再做"当然好啊，但是真正的麻烦是"在明明没有足够的时间或信息让自己能够想好了再做的时候，我们该不该迅速地做出决定"。

　　其实，如果一个决定"能够被提前想清楚却没有"，那这应该被定义为工作上的失误（实际上是"思维上的"懒惰），但更常见的情况是这样的：我们后期发现自己早期的决策失误，不是源自思维的周密程度不够，而是因为根本难以在决策前了解某些重要信息。事后之所以意识到了错误，也只是"事后诸葛亮"而已。"那么我们当时的确想不清楚时"应该怎么办呢？冒险吧！尝试吧！总比不动来得好！

　　让我先举一个正面的名人名言：

　　"步子迈得大一些，跌倒了可以再爬起来，总比不尝试好。"

——邓小平

让我再另找一个也姓邓的反面的名人名言吧。邓宁[①]说（马克思引用过）：

> "如果有20%的利润，资本就会蠢蠢欲动；如果有50%的利润，资本就会冒险；如果有100%的利润，资本就敢于冒绞首的危险；如果有300%的利润，资本就敢于践踏人间一切的法律。"

当然，以上这些都是名人名言，被我拉过来帮忙可能说服力依旧不够。我怕大家指责我犯了 Appeals to Authority（诉诸权威）的典型逻辑错误，所以还是找篇 Nature 的文章更好些：

The evolution of overconfidence Dominic D. P. Johnson & James H. Fowler，Nature 477,317-320 (15 September 2011) doi:10.1038/nature10384

---

① 托马斯·约瑟夫·邓宁（Thomas Joseph Dunning），1799—1873年，英国工人运动领导人之一。1860年，邓宁出版 Trade Unions and Strikes: Their Philosophy and Intention 一书，卡尔·马克思在《资本论》中曾多次引述该书内容。

哈哈，估计大家也不想看这样一篇长英文论文。简单地说，就是文章中科学家的研究认为，**"过度自信"的人在进化过程中的竞争策略长期占优**。政治家是具备冒险精神的（邓小平），企业家是具备冒险精神的（邓宁）——以冒险的方式的来对待一般性的决策，的确有利于获得额外的优势。冒险的精神已经写在了我们每一个人（是的，每一个人）的基因之中，我们正是依靠这些冒险的基因战胜同类，脱颖而出，进化至今。

这让我想起这样一个小事情：

我的师弟即将工作，手里收到两份工作邀约，一份来自"银监会"相关单位，另一份来自"证监会"相关单位，都挺不错的，两者给的条件也差不离。他问我应该怎么选择。我说：

"在不了解其他条件的基础上，我想还是去'证监会'相关吧，因为看上去，'证券业'比'银行业'波动更大一些，系统也更不完善一些，也许对于想干一番事业的你来说也会更容易。银行业太稳定了，总感觉不够刺激……如果你能够收到'保监会'相关的邀约，那可能就更刺激了。"（哈哈哈哈，感觉保险行业躺枪了）

所以啊，回到最开始的那个问题：冒险是一件危险但获益良多的事情。事情想清楚了再做当然好，但如果事情经过了思考却依旧想得不够清楚，也并不意味着这件事不应该做下去。无论如何，对于年轻人来说，最大的危险便是停止冒险。

试错，不要假装很忙碌地消磨时间

——我们该"冒冒失失地总是试错"还是"谨小慎微地面对这个世界"？

心情随笔

Innovation distinguishes between a leader and a follower.

——Steve Jobs

领袖和跟风者的区别就在于创新。

——史蒂夫·乔布斯

I have not failed. I've just found 10,000 ways that won't work.

——Thomas Edison

我没有失败，我只是发现了1万条行不通的路。

——托马斯·爱迪生

When you innovate, you've got to be prepared for everyone telling you you're nuts.

——Larry Ellison

当你创新时，你得准备好每个人跟你说你疯了。

——拉里·埃里森

很惭愧，我是一个冒冒失失的人，尤其是对新生产力工具或软件的尝试上。公司的同事们也因而被折磨得疲于奔命：刚刚学会了用 Teambition[1] 整理任务跟进项目，又被迫尝试参与多人修订的石墨文档，新老师们甚至被要求在不同的课程内容上使用不同的教学工具，在板书、Powerpoint[2]、Prezi[3] 和 Xmind[4] 中切换。有新技术 / 新工具就有不适应，自然会生出若干抱怨：为什么非要用这些新工具？以前没用不是也好好的么？而且别的公司也没有使用啊，倒也没见出什么问题，都发展得好好的呢！

可我，一方面很惭愧地给大家道歉，另一方面却还是在不断地说服大家："试试吧！试试吧！万一好用呢？"为啥呢？因为我感受到了这样一种趋势，在新技术层出不穷的今天，我们很难再像我们的父辈一样谨小慎微。无论如何要先努力地奔跑起来，然后再逐步改进跑步的动作，调整跑动的方向才行。否则，就会被提前干掉而永远失去跑起来的机会了。

---

① Teambition 是一款国内的团队协作工具软件。

② Powerpoint (PPT) 是微软公司的演示文稿软件。

③ Prezi 是一种通过缩放动作和快捷动作使想法更加生动有趣的演示文稿软件，可能用于替代 PPT 的展示工具。

④ Xmind 是一款商业思维导图软件。

疯狂试错是一种重要的能力，更是一种心境，意味着"发现错误时并不害怕却坦然接受"；并且迅速抛弃旧的错误尽快开始新的尝试，即便新的尝试依旧可能会碰壁——这几乎是我们在面对技术与内容爆炸的今天唯一能做的选择了。关于这种奇怪的心态，我最爱的和菜头[①]老师是这样说的：

> "在这样一个疯狂变动的时代里，每一个人都坐在一辆零件不全的车子上向前飞跑。这辆车子一路颠簸，不断掉落零件，而我们每个人都疯了一样一边飙车一边往车上安装新的零件，测试新的功能。一方面要极力维系车子，让它不至于中途散架；另一方面还要想尽办法让车子跑得快一点，再快一点——因为不知道下一站会发生什么事情，但是我们都确信到了下一站有可能拿到新的零件，可以组装出更强大的引擎。"

回到最开始的情形：这也就是为什么我总是不断尝试使用最新的软件，特别是那些工具类的、有可能会提高工作效率的软件，哪怕只是提高一点点都值得一试。真的

---

① 微博名人，知名网络写手。

每一次尝试都那么成功么？显然不是，还是失败的时候居多啊。但是相比较而言，尝试新软件的成本要远低于"由于故步自封而导致的可能的效率缺失"。在这个信息炸裂的时代，拥抱并磨炼自己"去粗取精"的能力，像"老油条"一样面对自己每一段失败的尝试，像新生儿一样面对自己每一次新的可能，才是生存下来的关键中的关键啊。

第五课

听个故事，放松一下
——我给你讲个自己的创业小故事

The purpose of an organization is to enable common men to do uncommon things.

——*Peter F Drucker*

一家公司的目的是要让普通的人做不普通的事。

——彼得·杜拉克

When a gifted team dedicates itself to unselfish trust and combines instinct with boldness and effort, it's ready to climb.

——*Pat Riley*

当一支有潜力的队伍致力于无私的信任，结合直觉、勇敢和努力，它已准备好向上攀登。

——帕特·莱利

Few things can help an individual more than to place responsibility on him, and let him know that you trust him.

——*Booker Washington*

把责任放在一个人身上，并让他知道你相信他，通常能为一个人带来莫大的帮助。

——布克·华盛顿

我创办的第一家公司叫"乐闻携尔",是在2010年5月正式成立的。"乐闻携尔"这个名字,原本是我博客的名字,是"Learn and Share"的中文音译。而后开始参与的几个合伙人抓破脑门,觉得把"learn"音译为"乐闻",算是切合了"喜闻乐见"的意思——毕竟是有考试培训的业务嘛,而"share"音译为"携尔",就有"携着你出国"的含义,也恰好反映了公司留学咨询的业务,合在一起,就正好组成了公司建立时的两个重要的业务部门:"培训"与"留学",所以沿用至今。

与许多激情澎湃的创业故事并不相同,"乐闻携尔"的建立,其实并非故意为之,多多少少都有一些偶然的因素。让我来翻一翻老黄历吧:我在2007年时才进入我的老东家——北京新东方学校,之前在别的小机构也待过,然后在北京新东方学校里面老老实实地教课,从普通老师,到北京学校的培训老师,直至2010年的3月,评上新东方学校的"集团培训师"。是的,到顶了,当时没有更高级别的老师了。你看,我热衷于打听级别这种事儿,就足以证明我当时是多么自恋,却又多么热爱新东方了。

我心中还曾经期待,如果一切顺利的话,可以在新东方混个小官当一当。你们知道的,我曾经在新东方风光得很,因为我工资比较低,所以大家都很"爱"我,愿意给我大量排课。充满惰性的我，当时只想着能够好好在新东方一直干下去，然后就是一边挣钱养家糊口，另一边能够好好把我的博士学位读完，再然后找一份稳定的工作，安享晚年。

可惜平静安详的生活，并没有持续多久。由于当时我制作了一些备考的学习资料，使用了官方的试题，惹了版权上的麻烦，所以我的老东家新东方被施压了。这期间还有很多曲折版本的故事，比如阴谋说、权术博弈说，等等。但是我想，我这样的小喽啰，不应该也不至于影响到高层们的睡眠，然后，我就心不甘情不愿地离开了。这让我觉得很心碎。事实上，我并不属于传统的媒体创业故事中那样很威风地毅然离开老东家，而属于被迫离开的。

离开了新东方之后，我和我的好朋友C，就开始合计着开办一个小的教育培训机构。C老师当时心里面有些犹豫，因为他还在华北油田端着铁饭碗，薪水很高。但是我通过请他的女朋友玩"三国杀"，以及请他妈妈吃必胜客等各种方式来曲线说服。而我最终说服他，用的是这样一句话："给我半年时间，你会看到事情在朝好的方向发展"。句子简单而感性，他被说服了。

当时，我也意识到了另一个问题，就是我们的团队里不能全都是只会教书的老师，应该还要有人懂得留学咨询业务才行。因为当我还在新东方的时候，就有很多中介机构向我抛来橄榄枝，说是让我给他们推荐学生，每推荐一个学生，给我很多佣金。我当然不敢给那些中介推荐学生，因为担心会是无良中介，糟蹋了我的名声，但是从另外的一个方面讲，我也意识到做一个好的、具备完整业务链的、精致的机构会是很有前途的。于是我就开始物色人，后来敬爱的 L 老师就落网了——当我们第一次在新中关的星巴克见面的时候，就知道必定是她了。这么说有点像是写言情小说。我热情地邀请她到我家里去喝咖啡，然后动之以情，晓之以理；而且我还时常给她讲故事，讲什么故事呢？我和她讲的是水浒传之中卢俊义的故事。熟悉水浒故事的同学可能知道，梁山水泊一百单八将，第一号人物是宋江，第二号人物就是卢俊义。根据书中描写，卢俊义的棍棒使得是天下无双，财富又是大名府第一，以他的武功和财富，一开始根本不屑于加入梁山水泊，落草为寇。但是后来，还是加入了梁山团队，坐了第二把交椅。具体操作过程，无非就是宋江对卢俊义做了些"半骗半哄半下套"的事情。我对 L 老师讲这个故事，她就懂了。

于是，我们几个人就甩开手开始做了。坦率地说，公司第一年做得很辛苦。大概在开公司之后的半年，算是公司最痛苦的时候了，赔钱倒还是次要的，主要是由于当时业务一直理不顺，自己人踩着自己人的脚。好在 L 老师主管的留学业务做得不错，所以公司能够撑下来——你们看，就像是当年卢俊义保护梁山泊一样。

公司最惨的是在 2011 年年初的时候，有另外三个同事同时离职，都是我的好朋友，可见大家都到了撑不下去的时候了。那时候我常常将安迪·沃霍尔[①] 在《我将是你的镜子》的访谈录里面说过的那句话挂在嘴边：我从来不曾崩溃瓦解，因为我从不曾完好无缺。

事情总有转机，在这种糟糕的时刻，W 老师来了。W 是辞掉中国农业银行的"铁饭碗"过来加入我们这个创业团队的，在一般人看来，这简直有些不可思议。没有巨大的勇气和信任，绝不至此。当初，我听到 W 做出这个巨大决定时，也曾装模作样地劝说过一番，说"冲动是魔鬼"，也说"创业很辛苦，很不稳定，要不然你再考虑考虑？"但 W 当时说了这样的一段话，令我感动不已。让我今天肉麻地转述一下：

"文勇，这么多年的兄弟，知根知底，能推心置腹，能够一起做事情，本身就是一件很快乐的事情。而且我不

---

① Andy Warhol，被誉为 20 世纪艺术界最有名的人物之一，是波普艺术的倡导者和领袖，也是对波普艺术影响最大的艺术家。

需要承诺，你在就是承诺。马云在阿里巴巴十周年的庆典上说，'我最想感谢的，不是亲人，不是顾客，也不是政府，而是这十年来，一直陪着我经历风风雨雨，磕磕绊绊的18人团队，无论阿里巴巴遇到了多少困难，前景有多么糟糕，他们始终不离不弃。'"

"文勇，**我来做你这18人团队里的一员吧。**"

你们能够理解，我听完这一番话之后，感情上彻底崩溃了。我说："过来吧，我需要你。"

公司的业务的确在 2011 年过完年之后，逐渐地、一点一点地变好了。制度化和流程化也的确在逐步地完善，全职员工的数目，也增加了不少。然后故事就朝着俗套的路子往前走了，理顺流程，扩大业务规模，被投资，再次扩大业务规模……后面的故事不精彩了，就不多说了。

快节奏的生活和碎片化的信息时代

——碎片化的社会到底给我们带来了什么?

心情随笔

As long as we can make good use of time, we always have time enough. (Proverb)

只要我们能善用时间，就永远不愁时间不够用。(谚语)

Do you love life? Then do not squander time; for that's the stuff life is made up of.

——*Franklin*

你热爱生命吗? 那么，别浪费时间，因为生命是由时间组成的。
——富兰克林

We're in an era of "fragmentation". In the fast-paced society, our time spent on relaxation is fragmented, sporadic and limited.

——*Jiang Wen*

我们处于一个 "碎片化" 的时代。在这个快节奏的社会中，我们放松消遣的时间是零散不定且有限的。

——姜文

最近有一个叫"中国有嘻哈"① 的综艺节目引爆了网络。先是吴亦凡 freestyle② 的梗使得所有人打招呼都喜欢说一句:"你有 freestyle 么?";之后是 underground rapper③ 和 idol rapper④ 的粉丝之间的对骂;再之后是 rapper 对战时选择对手的宫心计,堪比《甄嬛传》。好棒的剧本啊。

其实,我进行以上的这段综述,只是为了证明我这个中老年人的的确确是看了"中国有嘻哈"这个节目的。看了就看了呗,为什么会这么没信心呢?因为作为中老年,似乎不应该喜欢嘻哈节目而应该喜欢古典音乐。

事实上,是这个碎片化的时代(而不是年龄)决定了流行的趋势。

尽管现在的小朋友们,还是要在周末学习各种乐器(当然是以古典音乐为范本),但这大都是由于那"缺乏自信而又故作高端"的父母,为了满足自己吹嘘时候的面子而逼迫孩子去学的。关键是,不但孩子未必喜欢,其实家长们大抵也不太喜欢古典音乐,只是不好意思说出来罢了。各位家长

———————————

① 此处提到的是此综艺节目第一季的名称,第二季该节目更名为中国新说唱。

② 在 HIPHOP(嘻哈)说唱中的 freestyle 就是即兴说唱的意思.

③ underground rapper 指地下说唱歌手。

④ idol rapper 指偶像说唱歌手。

们，您还真别不高兴，想想看，您在休闲时是听流行歌曲更多还是古典音乐呢？您更容易受到古典音乐还是某首流行音乐的触动而潸然泪下呢？

可是古典音乐的魅力何在呢？难道不是曾经很流行么？很多人都尝试分析，一般我们会认为古典音乐（泛指）中，乐曲复杂，充满琐碎的细节，信息量巨大。这让听众在长时间浸润式的欣赏过程中，能够注意到不同的细节。而且由于大部分情况下，其中没有语言/文字的表达，这使得每个人都能够从中基于当时的心境解读出（未必说出）各种信息。事实上，古典音乐除了音调、节奏与强弱外很难有第四个清晰的变量，它们的情绪的表达，很大程度上依赖于 agogik（细微的节奏及音调波动）的表达，而想要感知到这些细微而琐碎的变化，又反过来要求浸润与长时间的专注。

谁都知道浸润与长时间的专注好，但这在现在的时代（无论你是否偏爱）都越来越少了。我们的行为自然也就变化了。

普通的流行音乐通过大幅度地缩减细节、加入语言，使其更加直白。而嘻哈说唱更是把变量缩减到了只有语言与节奏[1]。更少的变量，使我们理解起来更容易。值得一提的是"喊麦"和"嘻哈"之间的争端，我们一般认为"喊麦"（八

---

[1] 此处为泛指，事实上有部分说唱歌手以擅长旋律而著称。

分音符为主变化）是简化节奏版本的"嘻哈"（十六分音符为主变化）。就现在流行的程度而言（以全网而论，不是某个特定的群体），是"喊麦"大于"嘻哈"大于"古典音乐"的，这是否意味着在时间碎片化愈演愈烈的今天，大家没空思考，就像是传播效果上"视频"大于"图片"大于"文字"一样。

听音乐的行为如此，学习的行为亦是如此。长时间地在书桌面前浸润式学习好不好？当然好啊，可在现在的学习过程中，吸引我们注意力的东西太多了。我们要么尽可能屏蔽可以接触到的信息，尽可能保持一个完整可浸润的学习时间（这无疑是必须要做的），但另外一个思路，则是尽可能地将碎片化的时间给利用起来，以特别轻度却迅速的方式接入学习内容，完成一个学习切片。**尽快帮助自己建立最适合自己的碎片化学习的习惯，是我们离开学校后仍保持终生学习的重要步骤。**

亲爱的朋友，你是否已经建立了（并不断持续在改进）自己的碎片化学习习惯呢？这个习惯是什么？能分享给大家么？

工作步入正轨，开始另一个重要话题
—— 我到底要不要减肥？

心情随笔

The only impossible journey is the one you never begin.

——*Tony Robbins*

唯一不可能的行程，是你从未启程的那个。

——东尼·罗宾

Have an aim in life, or your energies will be wasted.

——*R. Peters*

没有目标的一生注定碌碌无为。

——R·彼得斯

If you wait, all that happens is that you get older,

——*Larry McMurtry*

如果你等待，发生的只是你在变老。

——拉里·麦克穆特瑞

中老年男性都挺容易发胖，我自己便是一个活生生的例子：一屁股坐在办公桌面前的时间太长了，而且还有各色食物每天变着法儿地勾引我；所以啊，每过一段时间，我就要努力地说服自己尝试减肥一次。三国的刘备同志时常给我力量。让我先讲个他的故事：

> "备住荆州数年，尝于表坐起至厕，见髀里肉生，慨然流涕。还坐，表怪问备，备曰：'吾常身不离鞍，髀肉皆消。今不复骑，髀里肉生。日月若驰，老将至矣，而功业不建，是以悲耳。'"
> ——《三国志·蜀志·先主传》裴松之注引《九州春秋》

刘备投奔刘表后，在荆州住了好几年。安逸的生活，自然是开开心心的。有一天，他和刘表喝酒撸串，喝酒喝多了自然就要去上厕所，结果一脱裤子，发现自己大腿上长了肥肉，感慨万千，（又）泪流满面。回到座位上，刘表嗔怪刘备说，你怎么又哭啦？刘备说：

"我以前可是个很牛的人啊，屁股和马鞍从不分开，大腿上都是肌肉块儿。可这几年真是懈怠了，不骑马打仗了，大腿上居然长了肥肉。唉，时间啊像飞鸟一样一闪而过，像骏马越过窄小的缝隙，年华正在逝去，可是到现在我居然都还没有建立一个伟大的功业，真是令人悲伤啊。"

似乎扯远了，哈哈，为什么我们一定要减肥？或者说"用什么样的理由减肥才能真正说服自己坚持下去？"这可是一个有意思的话题。

为了身体健康，当然是最为正当的理由，谁都知道肥胖会导致各种身体疾病。只是这种理由的反馈和激励都来得太慢了，大部分的疾病，要二三十年后才会有明显的体现，所以这样的警醒，过不了两天也就忘了；为了身材好看，也倒是挺不错的理由，减肥为了能穿着好看的衣服，这个目标反馈就及时得多了。只可惜这个目标反馈不持续啊，夏天强烈，冬天减弱，关键是总有一些人在"好看的衣服"与"好吃的食物"之间，坚定地选择了后者。

那该怎么办呢？还是得向刘备老师学习，就是为了建立伟大的功业才好啊。反正是自己的梦想呗，**为了梦想，咱啥都能干！**减肥之后身体越好，能花在梦想上的时间和精力也就越多。别人工作俩小时就累了，你能硬生生地挺三个小时，自然更容易取胜。这个社会啊，在绝大部分时候比拼的，就是谁身体好，能干活，哪里轮得到比拼智商呢？

所以说啊，减肥之后身体好，身体好了之后，才好意思说有梦想呢。

第八课

遇见爱情了

—— 如何表达我的爱？

心情随笔

Any time for love to pay all of the waste

——*Tasso*

任何时候为爱情付出的一切都不会白白浪费。

——塔索

Love gave everything, but still rich.

——*Faye Bailey*

爱情献出了一切，却依然富有。

——菲·贝利

Love exists in the desire to contribute, and the lover's happiness as their own happiness.

——*Swedenborg*

爱情存在于奉献的欲望之中，并把情人的快乐视作自己的快乐。

——威斯登伯格

爱情其实是一项制作标记的活动。这很好理解，爱一个人理所当然地希望这个人身上尽可能多地留下自己的标记，我们和小狗一样。

长得帅的人最方便，只要刷脸，就能给爱的人留下深刻的标记。比如楚留香，他"双眉浓而长，充满粗犷的男性魅力，但那双清澈的眼睛，却又是那么秀逸"。反正就是帅，一出场就让人喜欢，没有道理地喜欢，心中留下的印记深刻无比。

《诗经》里说，"既见君子，云胡不喜"（看到了好看的男人，哪里有不喜欢的道理），就是这个意思。对了，还有杨过，"一遇杨过误终身"，在郭襄的梦里，其他男人没有脸，只有神雕大侠眉清目秀。你再想想游坦之，武功盖世且痴情，却又是否在阿紫心里留下了什么印记？唉。

有钱的人也有办法，只要刷卡，也能在爱的人身上留下印记。

买温润的手镯戴在她手上，买亮黑的珍珠挂在她的脖子上，买猎豹造型的胸针别在她的衣服上——让她浑身上下都与你相关。又或者，你也可以送 16 岁的小姑娘三根银针，告诉她你会宠她爱她，以后无论多远都会赶过来保护她（是的，我在讽刺杨过）；要不然，就在第一次见面时脱下貂裘，送给她（是的，我在讽刺郭靖）。

"出得店来，朔风扑面。那少年（黄蓉）似觉寒冷，缩了缩头颈，说道：'叨扰了，再见罢。'郭靖见他衣衫单薄，心下不忍，脱下貂裘，披在他身上，说道：兄弟，你我一见如故，请把这件衣服（王子送给他的貂裘）穿了去。"①

这好比雄性动物捕猎，成功后把获得的食物堆在雌性面前求欢，自然规律便是如此。

如果你以上两样都没有，那就把你最厉害的"武功"教授给她。

你看，段正淳教秦红棉"五罗青烟掌"，多好啊，以后打架都带着段王爷的贵气，生生死死都带着，离也离不开；令狐冲和小师妹一起练习"冲灵剑法"也是这个道理。

可现实社会没有武功，那就把你厉害的知识或习惯都教给她：学数学的就和她讨论陶哲轩；学音乐的就讨论傅聪；学政治的讨论傅高义；她学不学是她的事情，你讲不讲是你的事情。

其实，如果不是"露水情缘"，你心里也知道自己有多希望对方能和自己有一样的爱好。就算对方不愿意听，或是

① 本段引自金庸所著《射雕英雄传》第七回比武招亲。

学不全，跟不上，那也没关系，秦红棉的"五罗青烟掌"也没学利索，一根蜡烛要挥两掌才熄灭，但这并不影响她在想你的夜里甜甜地咂摸，在恨你的夜里苦苦地沉默。

"不要抗拒了，抗拒不了的：无毒不丈夫。"

亲爱的朋友，你已经想好了要给你爱的人留下什么样的一些印记了么？对了，我想善意地提醒一下诸位单身狗，首先的首先，你要有一个爱人。

"文勇，你是如何给你爱的人留下印记的呢？"
"哈哈……就不告诉你"

第九课

比爱情再多一点遐想

——如果你有孩子，你会为他做点什么？

心情随笔

"It doesn't matter who my father was; it matters who I remember he was."

——*Anne Sexton*

爸爸是什么样的人并不重要，重要的是我心目的爸爸是什么样的人。

——安妮·赛克顿

If you want your children to be intelligent, read them fairy tales. If you want them to be more intelligent, read them more fairy tales.

——*Albert Einstein*

如果想让你的孩子有智慧，就给他们读童话；如果想让你的孩子更加有智慧，就给他们读更多的童话。

——阿尔伯特·爱因斯坦

Wordless purity naive, often can move more than speak.

——*Shakespeare*

无言纯洁的天真，往往比说话更能打动人心。

——莎士比亚

如果我有了孩子，我准备给他写一本《爸爸讲的童话》。

"童话"与"故事"在中文中各有定义，相近却并不相同。我不愿去翻阅辞海，却想这样简单地区分：故事基于事实，而童话源于想象。我能依稀记得年幼时听到的那些童话，无论是来自书本还是来自父亲的即兴发挥，都有这样的特点：坏人极坏，好人极好，童话的世界简单通透，色彩分明。

我当然知道现实与童话并不一样。我已经足够老了，老到知道人生中所谓的成长，就是学习平衡人情世故，了解、接受甚至最后融入这个灰色世界的过程，无论喜欢还是不喜欢。

可是，听童话的孩子尚未长大，讲童话的我们也不愿孩子长大。这就像教孩子识别颜色，总应该从最纯粹的颜色开始：雪花的白，新草的青，火焰的红。我们这样一群大人们，有义务给孩子们塑造一个属于他们的、色彩鲜明的美好世界，就像当年父辈们对我们所做的那样。

为什么是"爸爸"讲的童话？

因为爸爸和妈妈在孩子们心目中总不太一样：妈妈通常温柔体贴、细致入微，爸爸通常高大坚强、严厉爽朗。爸爸讲述的童话中，主人公往往坚强、果敢、信任他人、愿意分享。这就像是《水浒传》，总归要爸爸讲起来才会更精彩些。

作为一本童话书，我坚持不在书中放置那些精美插画，原因很简单——我根本不打算让孩子们自己阅读（即便他们有能力自己阅读）。应该是我们坐在床边来讲述这些简单而美好的故事才好。

共情是重要的。在高科技盛行的今天，有诸多制作精良的 App 程序，能够通过 iPad 等设备给孩子们讲述童话，它们有专业而动听的配音，有精美而鲜艳的图片，甚至还有伴随着情节跌宕起伏的配乐。可是，这不是真正意义上的睡前童话——不能打断，缺乏交流，没有共情，没有爱。我们不应把所有的任务都交给 iPad，挣钱给孩子买一个平板电脑，远没有与孩子们一起经历童话中主人公的冒险那样有意义。而 iPad 所呈现出的再蓝的海，也比不上父子共同开始回顾那片曾经去过的有海腥味的海滩。这些你与孩子们共同的故事，将会是永远记在心头的事儿。孩子们不会记得机器中精美的配乐，却会在他们长大时，记得床头的灯光，记得窗外的月光，记得你怕打扰睡着的他而蹑手蹑脚离开房间的背影。

想象是重要的。这是我不喜欢平板电脑中精致童话的另一个原因，这些精美的图像（又或者是视频），把每一个细节都描绘得清清楚楚，这压榨了孩子每一滴可以想象的空间，固化了这个世界的美好。孩子们不需要想象了，孩子们也不能够想象了。在这个文字逐步被图片取代，而图片逐步被视频取代的世界里，我们需要给孩子们讲述一些只有文字的故事。凭借他们自己的想象（即便他们没有意识到这一点），来丰满剩下的细节。"小公主的小脸红不红"，"流浪猫遇到了什么样的恶劣天气"，这是孩子们的童话，应该让孩子自己去想象，在他们的梦中缠绕，才美好。

为了孩子，我们做什么都行。即便在这个糟糕的世界里，我们撞得头破血流鼻青脸肿，我们依旧会在睡前拍着我们的孩子，告诉他世界上最美好的颜色。孩子是一种恩赐，一种力量，让沮丧的成人们相信自己做的一切尚存意义。我们想要为了你们，把这个世界变得略微美好一些。

亲爱的朋友，如果你即将或者已经有了孩子，你会为他做点什么呢？

黑夜给了我黑色眼睛
—— 不如就，一起散散步？

心情随笔

If you truly love nature, you will find beauty everywhere.

——Van Gogh

如果你真的热爱自然，你就会发现美丽无处不在。

——梵高

All nature is but art, unknown to thee.

——Pope

整个自然都是艺术，这是你所不知道的。

——蒲柏

To be beautiful and to be calm is the ideal of nature.

——Richard Jefferies

美与宁静是自然的理想。

——理查德·杰弗里斯

回到学校的时候已经很晚了，把车停在楼门前时，有风在吹我的耳朵。我便产生了一个想法：绕着楼旁的池塘走一圈，算是散散步。

刚刚撩动我的肯定是春风，因为白天已经是初夏了，春风只有在晚上才肯出来晃悠。旁边细垂的柳条被稳稳地吹成斜摆，却也不晃动，和我一样，摆出一副很享受的样子，更证明了只有春风才会如此徐徐。柳枝丛里藏有路灯，透出柔和的白光来，像婴儿的眼睛。念了好多年书了，这时才能够想明白"一丝柳，一寸柔情"说的是什么。真好，哪里还有更好的树呢？

池塘边的小路是平的，但石块与泥土相间，踏上去软硬参差。边沿有一些黑土堆，可能是新挖上来的淤泥，但太暗了，看不清，本想伸脚试探一下，终于还是忍住了。望过对面的一盏小灯，映得池塘更暗了。可能是蛙类在开头脑风暴的大会，于是熄了灯吵架更方便些。但他们拍桌子时，池塘表面便有水波荡漾，人心也会跟着荡漾。真好，哪里还有比这更好的小路呢？

往前走，忽而被蛛丝轻轻糊住了脸。我满怀歉意，想来蜘蛛先生努力工作了一整个晚上，却被一头笨重的怪兽毁去了精致的成果。头顶有伸手就都能摘到的小白花，也可能是黄的。太暗了，也就不拍照了，拍不清楚，也记不下这温暖。

我以验证空气中香味的名义，心虚地摘了一小簇。但其实闻不出来什么，就揣在口袋里。真好，哪里还有比这更好的香味呢？

路的尽头有一个仿古的两层小亭塔，我来了兴致，走快两步，却在楼梯听见上面有窸窸窣窣的声音，应是情侣紧紧地拥抱。我打消了上楼的念头，不能破坏了年轻人的美好回忆。亭子下也能抬头看天，没有星星却有大块的云，像薄被子盖在天上，校园温柔平静。真好，哪里还有比这更好的校园呢？

好，真好，没了语言就只能总说好。一切都好，我还能有什么奢求呢？

嗯，只差改变世界了。

亲爱的朋友，你是否也曾经尝试在身边朴素的风景中寻到过美好呢？我们互换一张风景照片吧？

关于学习
——我这么老了还要从零基础开始学习编程么？

心情随笔

Activity is the only road to knowledge.

——*Bernard Shaw*

行动是通往知识的唯一道路。

——萧伯纳

Action is consolatory. It is the enemy of thought and the friend of glittering illusions.

——*Joseph Conrad*

行动是令人安慰的，它是思想的敌人，是美好幻想的朋友。

——约瑟夫·康拉德

Computers are useless. They can only give you answers.

——*Pablo Picasso*

计算机没有什么用处。它们唯一能做的就是告诉你答案。

——巴勃罗·毕加索

在这个万众创业的年代里，SaaS[①] 可能是最吸引人的领域了。很多人都喜欢说自己有个特别厉害的想法，要是做出来了一个软件或是 App 之后，肯定特别牛，只是差一个工程师或码农而已。他们往往还暗自觉得自己拥有特别的商业天赋，除了不懂编程，别的啥都懂。我想大家看得出来我是在讽刺。我怀疑"由于"乔布斯创业故事的广为流传，促进了这种情绪的产生。人人都觉得自己只缺乏沃兹尼亚克[②]，却忘了自己根本不是乔布斯。

显然，大众媒体将商业描述成了一种精致而有趣的活动，这种代入感使观众产生自己特别擅长处理复杂商业环境下微妙决策的幻觉——更是一种"整个商业模型只是差一个工程师／码农"而已的幻觉。大众媒体当然乐意于这样做啊，他们可以将复杂的商业决策用事后诸葛亮的办法简单总结出几条似是而非的句子，让大众愉快地参与讨论，但是却无法吸引大家的注意力到技术代码本身上去。大众能看懂什么，大众媒体就给予什么。用个奇怪的类比吧：每次高考过后，语文的作文题目都会成为热门话题，而数学题目则是完全没人讨论啊！

---

① SaaS 是 Software as a Service（软件即服务）的简称。

② 斯蒂夫·盖瑞·沃兹尼亚克（Stephen Gary Wozniak），乔布斯的合伙人，负责了创业初期的绝大部分技术类工作。

　　我想大家能听得出我的讽刺意味。你可能心里不服气，"我心里已经有的那个想法要真是厉害的、能翻天覆地的想法怎么办"？那就自己直接不假他人之手先尽快做一个小程序出来啊。**无非是自己开始动手学习写代码而已**，又有谁不是从零开始学起的呢？如果没有做成，那就没有做成呗，反正就是在制作的过程之中，能够锻炼出一个计算机化的思维就好。但万一做成了呢？哈哈！

　　所以啊，别空想了，开始学习编程吧，无论你的年龄有多大，也无论自己是否真的感兴趣。我总觉得，非计算机专业的人尝试接触与编程相关的知识是一件必需的事，与兴趣无关。尽管大家（包括程序员自己）都喜欢开关于程序员大都性格木讷的玩笑，可遗憾得很，事实上**程序员即将（如果不是已经）统治整个地球**——最聪明的人、最先进的技术、最多的资金都围绕着程序打交道。最前沿（可能暂时未必是最著名）的经济学家是会写代码的经济学家（数学家）；最疯狂（可能暂时未必是最有钱）的金融家是会写也能够理解代码的投资者（如果不是机器人的话）；我就不举最好的"棋手"AlphaGo[①]（及其背后团队）的例子了。他们在各自

---

　　① 是第一个击败人类职业围棋选手、第一个战胜围棋世界冠军的人工智能机器人，由谷歌（Google）旗下 DeepMind 公司戴密斯·哈萨比斯领衔的团队开发。其主要工作原理是"深度学习"。

的领域呼风唤雨，而且还在不自觉中形成了一个一定能改变世界却又鲜为人知的合力。

麻瓜们（《哈利波特》中对不懂魔法的普通人的称呼）通过看一些基础编程的书籍，不但是为了建立与程序员们共同的社交话题，更是了解一种inner peace（内心平静）的可能性。编程的世界里有一种明确的主仆责任关系：代码只简单执行编程者的意志，一切错误都源自编程者本身的主观行为，这使人暗自养成一种追问自己而不是推卸责任的意识。另外，面临无论大小的项目，处理的方法无非都是遇到问题、罗列问题、分解单元、逐一解决，执行任务的先后顺序sequences①显得特别重要，这是客观事实而不会因你是否着急而改变，保持平静地逐一解决问题才是最好的心态。而以上的这些能力，无一例外都是现在商业社会中最重要的特质了。

---

① 是一种序列。

第十二课

遇事不纠结
——遇到实在决定不了的事儿，应该怎么办？

心情随笔

The percentage of mistakes in quick decisions is no greater than in long-drawn-out vacillation, and the effect of decisiveness itself "makes things go" and creates confidence.

——*Anne O'Hare McCormick*

快速决定不会比长时间踌躇造成更多的错误，而且果决会有"让事情进行"的效果并且带来信心。

——安妮·欧黑尔·麦克米克

The more decisions that you are forced to make alone, the more you are aware of your freedom to choose.

——*Thornton Wilde*

你自己做的决定越多，你愈能体会你可以自由选择。

——桑顿·怀尔德

I am not a product of my circumstances. I am a product of my decisions.

——*Stephen Covey*

我不是环境的产物，而是我决定的产物。

——史蒂芬·柯维

我是个糟糕的人，时常惹一起工作的朋友不高兴。一个经常发生的场景就是：

"文勇，为啥你讨论问题的时候这么不耐烦？"

可我自己却觉得冤枉得很，"我哪有不耐烦啊？"

"明明就有，不然你为什么都不和我讨论一下这个问题？你怎么可能会这么快就同意了我的观点？"

我尴尬地说，"其实就是被你说服了啊！"

"你的观点怎么可能变得这样快？你是不是心里还有什么想法没有说出来？你这样轻易地就决定了，让我觉得你是在赌气。有什么话好好说嘛，别赌气……"

我喃喃道："dear，我其实只是在扔硬币来做这个决定，别不高兴。"

还是让我来好好地辩解一下这句话：其实，除了少部分有明显优劣的情况外，我们所面临的最为纠结的决策，往往是那些"无论左右，都有诸多可取点"的决策。而且，在明显没有更多信息帮助我们进行判断（我们心里也知道在短期内也不会有）的情况下，更多的纠结不会带来更清晰的决策，而只会使自己心力交瘁。其实我们都与自己打交道很多年了，对自己了解得很。

那做决策之前，难道不需要细细思考所有可能的影响决策的要素吗？当然需要，这是不言自明的，可即便认真思考，这个过程也就只要花费十分钟。剩下的时间呢？其实，我所反对的是"逃避决策却争吵不休"，因为这本质上是在逃避"决策可能导致的失败"。

事实上，我们容易忘记了"逃避决策"在时间成本上来说本就是一种失败。**时间是唯一重要的资源**，这种资源能够帮助我们"迅速决策"而后迅速试错、迅速调整，而这才是获取成功的真正关键所在。

同样的道理，对于一个团队来说，在决策并没有明显优劣的情况下，尽快决定就是了，自己的观点是否被接受压根儿不重要。减少纠结，好好干活儿，获得内心平静。

另外，承认自己的错误并没有什么难度，张五常评论他的导师弗里德曼①（他自己翻译为"弗利民"）为"全世界在辩论方面最不可能被战胜的人"。因为在讨论问题时，每当他发现你的观点里面有任何一部分是正确的，就一定会赞同你正确的那部分且承认自己的错误，毫不害羞；然后你最终会发现，自己观点中正确的部分都被弗里德曼吸收了，自己却持有了一个不那么正确的观点。

（关于扔硬币的说法，不是我提出来的，在《魔鬼经济

---

① 米尔顿·弗里德曼（Milton Friedman），美国当代经济学家、芝加哥大学教授、芝加哥经济学派代表人物之一，货币学派的代表人物。

学3》（*Think Like a Freak* 3）之中，有相关的阐述，很有意思，如下）

《**魔鬼经济学**3》（*Think Like a Freak* 3）相关截图

第十三课

别忘了除了工作，还有家庭
——要是生小孩，会不会责任特重大？

Children like dirt, while their whole body and mind crave for sunshine like flowers.

——*Tagore*

儿童喜欢尘土，他们的整个身心像花朵一样渴求阳光。

——泰戈尔

Childhood is a period of life reprocess in which human being survives for good.

——*Bernard Shaw*

童年时代是生命在不断再生过程中的一个阶段，人类就是在这种不断的再生过程中永远生存下去的。

——萧伯纳

Childhood is the most wonderful period in ones life, the childthen is a flower, a fruit, dim intelligence, an endless activity and a burstof strong desire.

——*Balzac*

童年原是一生中最美妙的阶段，那时的孩子是一朵花，也是一颗果子，是一片朦朦胧胧的聪明，一种永远不息的活动，一股强烈的欲望。

——巴尔扎克

三疯啊，今天是父亲节，是我的节日，可我想今年就先不过节了：因为我仔细想想之后觉得很脸红，感到自己离一个好父亲还差很远很远。好的父亲应该是榜样，是无所不能的超人。而我不是，你越长大，我反而越觉得需要向你学习的地方更多些。

三疯啊，你太敢于尝试了！在你眼中，没有爬不上的凳子，没有掀不翻的桌子，没有撕不碎的书，没有不能放入嘴里的新玩具。为什么会这样呢？因为你对一切都充满好奇，愿意伸手去触摸这个世界，而且从不忌惮尝试，错后无非改正而已。

爸爸不行啊，爸爸躲在自己的舒适区里面，躲在自己老旧的知识体系之中，很少学习新事物，疏于思考，自然也就没有什么进步。讲得最熟悉的课也不比去年更好；编程学了三年，还在门口徘徊；五年前最擅长的数理模型也和今天没有什么差别。爸爸其实正面对着和你同一个全新的世界，当然也应该和你一样，像个男子汉一样勇于尝试拥抱新知识：时代变化太快了。我要向你看齐，要努力地对新事物都伸手摸一摸，试一试，尝一尝，不一定要取得成功，但尝试本身就是对尝试的奖励。

三疯啊，你真乐于交流！你每天都咿咿呀呀地说个不停，愿意告诉别人你的想法、你的态度。说服他人，证明自己。

一遍不行就说两遍，换着法儿说，从不失去耐心。你和妈妈沟通流畅，要水得水，要蓝莓得蓝莓，要牛油果得牛油果。

爸爸不行啊，爸爸越来越懒惰，不愿意多说话。对交流没有耐心，总觉得辛苦，只想窝在角落的工作台中。可哪有那么容易有一遍就成功的交流呢？我也要向你学习，以后工作多说多讲多交流，抓住别人的手就不放开，一遍不行说两遍。不再苛求一遍说明白，一遍就落地，要真气充足，不怕千言万语。

三疯啊，你真信任他人！为什么你周围的每个人都很爱你？每个人都愿意围着你转？因为你敞亮、心宽、信任他人。信任是安全感的由来，是幸福的根源，是美好的纽带。你深谙此道，代表了所有的美好。

爸爸不行啊，爸爸其实也有"夜半香鱼送我来，放下离去不进门"的朋友，但是太少了。男子汉长大了以后，就连睡觉都披着盔甲。信任和罗马一样难建设。不脱盔甲，难有朋友。

三疯啊，可惜没有"子女节"这个节日，我总不能把"父亲节"让渡给你，所以咱们今天就先不过节了。我身上的坏毛病太多，希望在你懂事之前，多向你学一学，我也能多改一改。

愿你晚点懂事，晚点长大，给我多留些变好的时间。

奇迹每天都在发生
——你也曾有令人意外却欣喜的重逢么？

心情随笔

Everything is good when new, but friend when old. (Proverb)

东西新的好，朋友老的好。（谚语）

A true friend is forever a friend.

——*MacDonald*

真正的朋友永远是朋友。

——麦克唐纳

Friends are sunshine in life.

——*Ibsen*

朋友是生活中的阳光。

——易卜生

今天一早虾米①推荐了No Doubt②的一张专辑，我惊喜得起了一身鸡皮疙瘩。读大一时，我曾有数月沉溺于这张专辑。17岁的少年腰间别着一个松下的CD随身听，头戴大耳机，骑着自行车（危险得很），摇头晃脑，得意扬扬。后来突然有一天这张CD找不到了，虽然很难过，却也没啥办法，只能不听了，后来也就忘了一直到刚刚。

我真是一个薄情寡义的人啊，忘得很彻底。以至于有时朋友间瞎聊天，说起"大学时最喜欢听什么音乐""追过什么星"之类的，我也从来不记得No Doubt，他们就在记忆的海洋中沉没，再也浮不起来了，没有一点痕迹。

可是刚刚，就在刚刚，那妖媚的颤音（快听听，你会赞同这个形容词）再次击中了我，和十五年前第一次击中我时同样有力。我正感到鸡皮疙瘩嗖嗖的往下掉，时间的胶片飞速回拉，哗哗作响，我赶紧在虾米上点击了专辑循环。

听着歌，翻看着日历，发现春节马上就要来了。它是这样一个时节：许多我们许久不见，也从来想不起来要见的人和物会突然出现，他们是如此讨人喜欢，这令我们欣喜而愧疚不已。不免暗自责备自己：平日里都在干啥呢？在过去的

---

① 虾米：指虾米音乐，是一款免费的手机音乐应用。
② 美国摇滚乐界特点非常鲜明的一支乐队。

这么多的日子里，怎么就想不起来要和他们重逢？

在这种愧疚的时刻，应该如何？是不是应该互留微信？然后在 OmniFocus[1] 中标注一个循环任务，决定以后每个月一定要见一次面？每两个月要吃一次饭？

还是别了。

你自己也知道过不了几天又该忘了，其实能抓住现在就很好。成功学里说要"抓住现在"，堕落的人总说要"活在当下"，原来是一个意思。见到了，就开开心心；想不起来的时候，也就想不起来便是了。

你看今天的我，一遍一遍地重复播放 No doubt，那又能如何呢？想来过不了几天，我就会再次忘掉这个乐队，还是坦然接受好些。我甚至已经想好了下次重逢的时候我要说的话：我错了，要不然我们再单曲循环，好不？

我想以后，

若是偶遇了老歌曲，多重复几遍，开开心心；

若是偶遇了老同学，多说说话，少喝酒，其实喝醉之后更健忘（科学家都这么说）；

若是偶遇了老书，就躲起来赶紧多翻几页……

未曾预见的重逢啊，可真是一种令人愉悦的忧伤，像春

———————

① OmniFocus：是一款时间管理应用程序。

节的炖肘子，什么时候出现呢？出现了之后吃不吃呢？吃了
之后会不会变胖呢？不吃会不会后悔呢？下次的重逢又会是
何时呢？

生命就像一盒巧克力

——舞会上约不到女伴怎么办？结果往往出人意料

心情随笔

Detail is observed, the success is gained by accumulation.

——*Emerson*

细节在于观察，成功在于积累。

——艾默生

Observation and experience is in harmony to the life wisdom.

——*Иван Александрович*

观察与经验和谐地应用到生活上就是智慧。

——冈察洛夫

Seek mysteries in the observation, looking for happiness in the mystery.

——*Ding Langyi*

在观察中寻找奥秘，在奥秘中寻找快乐。

——丁朗艺

今天与大家伙儿分享个小故事。

舞会是一个非常令人费解，费解得又令人着迷，引发了无数深奥理论的名词。听到"舞会"两个字的时候，有两个人最先被想起，一个叫作约翰·纳什[1]，另一个叫作乔治·亚瑟·阿克洛夫[2]。这两位同学在年轻的时候分别参加了两次舞会，由于他们都没有能够成功地邀请到自己心仪的舞伴，他们分别从舞会中得到了"博弈论"和"信息经济学"的基本模型，并且因此获得了诺贝尔经济学奖。相信我，这是真的，有史有据可查的。

当时约翰·纳什从舞会中得出了一个针对参加舞会的所有男生的最优策略，我想在这里转述一下：首先我们假定每个男生都是有些"好色"的，我的意思是，每个人都希望和舞会上最漂亮的女同学共舞一曲——不必偷笑，这正常得很。那么，对于所有参加舞会的男同胞们来说，他们作为一个集体，最明智的策略是在一开始的时候去邀请那些不那么漂亮的姑娘跳舞。这听起来有些不可思议，这是因为，如果大家一开始的时候都去邀请最漂亮的女生跳舞，最终无论如何都只会有一个胜出者，而剩下的女同学很有可能由于你没有把

---

① John Nash，著名经济学家、博弈论创始人。

② George Arthur Akerlof，美国著名经济学家、2001 年诺贝尔经济学奖得主。

她作为第一选择而感到恼怒，这么做的结果是很可能绝大部分男孩子连一个舞伴都请不到。而如果人人都不选择最漂亮的那位姑娘跳第一支舞，那么她就会被晾在那里。出于寂寞，可能会很容易接受你第二轮的邀请。而且，无论如何，在第一轮里你已经找到了一个姑娘起舞。

我知道以上的结论听起来有点怪异，但上述结论里面的内容居然已经得到了严肃的数学验证。我相信很多到大学里学经济学的同学将会看到以上论述的严谨数学推导过程。当然，你也应该知道，如果所有参加舞会的男生一开始都去邀请那些不那么漂亮的姑娘跳舞的话（我的意思是说其他的所有人都不去邀请最漂亮的女生的话），对于一个个体（你自己）的最优策略，可能就是一开始就去邀请最漂亮的姑娘跳舞。

有点绕，但如果你仔细想想会发现，男生们作为一个集体的策略，和作为一个个体的策略，对于什么时候对最漂亮的姑娘表白，应该是不完全一样的。这会导致什么结果，诸位等到舞会结束的时候，回想一下，就知道了，而那个结果，就被称为"纳什均衡"。

约翰·纳什是一个糟糕的精神分裂症患者和诺贝尔奖得主，但愿参加舞会的你们不是，也但愿你们会是。

临近年半，值得反思一下
——待办事项列表真的很重要么？

心情随笔

Plans are nothing; planning is everything.

——*Dwight D. Eisenhower*

纸上谈兵易，运筹决策难。

——德怀特·戴维·艾森豪威尔

A goal without a plan is just a wish.

——*Antoine de Saint-Exupéry*

没有计划的目标只是一个愿望。

——安托万·德圣埃克絮佩里

Most folks are as happy as they make up their minds to be.

——*Abraham Lincoln*

对于大多数人来说，他们认定自己有多幸福，就有多幸福。

——亚伯拉罕·林肯

我是一个"洋气"的人——我一直使用一个叫作 Remember the Milk（RTM）的网站（这是一个小而精致的 to-do list 网站），这是它有一天给我弹出来的内容：

"I completed 4 659 tasks with Remember The Milk in 2011 #rtmstats http://rmilk.com"

这让我想起来一年前我在人人网发的一条状态（我居然真的找到了这条状态——感谢万能的互联网）：

"I completed 2 277 tasks with Remember The Milk in 2010 #rtmstats http://rmilk.com"

4 659 对 2 277，看上去不错。尽管这可能是因为我今年对 RTM 的依赖比去年更重了，也可能是由于在当时最钟爱的手持设备（Droid 3）[①] 上安装了 RTM，所以事无巨细都要用 RTM 记录好；但我愿意偷偷却得意地相信，这是因为这年的我比前一年更加高效，完成了更多的事情。

每年的年初，我都会花一整天的时间，罗列出这一年要做的几件大事和多件小事，并区分优先级，我还将每一件事都单独放在一个列表中，努力将事情切分成为 30 个以上的子任务（子步骤），同时大致设定好每一个子任务应该在哪个月完成。当然也有单独的 list，专门添加日常的突发事件。

———————————

① 美国运营商 Verizon 和 Google 以及摩托罗拉合作的智能手机。

RTM 最酷的地方在于，它给你提供一个机会，以各种你想要的方式（标签、分组或者截止日期），综合出一份任务列表，我们可以据此安排事情。年初预设好的任务列表不是不能变动的（从某种程度上来说，这个列表几乎是必然会变的，不是都说"计划赶不上变化"么？），但 RTM 居然提供了一个途径，让你估量眼前的"突发事件"和"预设的事情"哪件更重要、哪件更紧急——有大局观的统筹比较，才有轻重缓急，才能合理安排，才不会在事情很多时感到心慌。

我想明年的年初，我还是会独自一人安静地做这件事情——敲定接下来的一年中，哪几件事情是需要做的，又有哪几件事情应该处在优先考虑的位置，而且将任务区分得越细越好。反正做事情就像跑马拉松，一点一点地完成，总比一口吃个胖子容易。

我知道，以后的日子里，我想要的就只是能够"有条不紊，忙而不乱"地把事情安排好，努力地工作，这就已经很好了。麦兜的妈妈麦太说：

"我们已经很满足，再多已是贪婪。"

亲爱的朋友，你也有属于自己的 New Year Resolution 吗？你又是如何思考、罗列、分析、总结，最后切实执行这个列表的呢？

生活或工作，都应记得回头看一下
—— 每天都是一根平淡的分隔线

心情随笔

Live a simple life; you will own the most beautiful treasures of the world!

——*Mehmet Murat ildan*

过简单的生活，你将拥有世界上最美丽的珍宝。

——穆罕默德·穆拉特·伊尔丹

Our life is frittered away by detail...simplify, simplify.

——*Henry David Thoreau*

我们的生命因琐事而浪费……要简化，简化。

——亨利·戴维·梭罗

The so-called happiness, it is a persistent in the plain living and persistence. (Proverb)

所谓的幸福，就是在平淡生活里的那一份执着和坚守。（谚语）

Remember The Milk 界面截图

我看到上边这张图片时，才结结实实地感受到"又一年了"。时间过得真快，这令我想起去年与前年也写过类似的文章。感受到时间飞快，却又轻易回忆过去，战战兢兢，是年老的特质，但这没什么不好。

"2012 年到哪里去了？"

我起初一想，大概也没有发生什么吧，无非又是一年。但细细一数，竟发现大事无数——公司、结婚、入站、息肉……每个都算是人生大事，有喜有悲。

日本的俗语说：

"再冷再热到彼岸①（热至秋分，冷至春分）"。

———————————

① "彼岸"常指春分前或者秋分前的时间，一般过了彼岸，天气就会逐步地转暖或者转凉。

这是很有意思的句子，悲观与乐观夹杂，"一线"分隔：2012是一端，2013年是另一端，过了今天，便算是到了彼岸么？可彼岸会如何？2013年会如何呢？

我不懂占卜，彼岸会如何当然不知道，但我决定提前放自己一马，不给自己设置新的写作计划了，能把拖欠出版社的诸多书稿完成就很好。

早先我时常怨恨自己，为何写不出像岛崎藤村先生《千曲川风情》①里那样简明的文章。后来醒悟，文字究竟是经历的化身，是心境的映射。七年的小诸生活经历，才是岛崎藤村先生的基本功，我着急不得。这就像吃刚出锅的大海碗盛炖豆腐——这是我在哈尔滨出差时发现的新爱，能在寒冷的哈尔滨吃上炖豆腐，估计佛学里面的"彼岸"②也就如此了。

我听过一个与"线"相关的故事，讲的是大仲马。

大仲马的日常生活据传是这样的：早上起床后，到楼下商铺买一个很长的面包，然后回到家里，一边吃面包（一天三顿），一边开始在包面包的纸上创作小说。一天他终于写

---

① 岛崎藤村的散文集，1912年出版，中文版由新星出版社于2012年出版。

② 佛教往往愿意将当下所处的现实世界，视为"此岸"，将描绘中的真善美的世界命名为"彼岸"。

完了《三个火枪手》①。之后，他画了一根横线，继续在那张破旧的面包纸上写下新的小说标题《基督山伯爵》②。

当然，这十有八九是后人为了增加传奇色彩而杜撰出的故事，但的确很动人。如此扎扎实实、平平静静做事情的人，才是真正到达得了"彼岸"的人吧。

说完故事了，天也要亮了，要准备睡觉了。希望明天是一根简单的线，分隔"平平淡淡的 2012 年"与"扎扎实实的 2013 年"。

突然，一只蟑螂在我脚下爬过，匆匆忙忙，头也不回，跨过门廊。

我想我比它好，至少回头。

---

① 大仲马创作长篇小说，1844 年首次出版。

② 大仲马创作的通俗历史小说，1844—1846 年在法国巴黎的《议论报》上连载。

第十八课

做计划 or 换装备
——你会如何说服自己读更多的书？

心情随笔

The more that you read, the more things you will know. The more that you learn, the more places you'll go.

——*Dr. Seuss*

你读的书越多，你知道的事情就越多。你学得越多，你去的地方就越多。

——苏斯博士

If we encounter a man of rare intellect, we should ask him what books he reads.

——*Ralph Waldo Emerson*

如果遇到一个才智非凡的人，我们应该问问他读什么书。

——拉尔夫·沃尔多·爱默生

There is no friend as loyal as a book.

——*Ernest Hemingway*

没有比书更忠诚的朋友。

——欧内斯特·海明威

　　我在 Kindle Oasis 发布伊始就预定了她，是最早一批的大陆用户。是的，就是上图这个号称性价比"历史最低"的新版 Kindle。而且你没猜错，我就是理直气壮地在炫耀，因为每天都用的东西，本就该是最好的。我想，如果有设备能够记录每天手所接触的物件的时长，其排行榜应该是这样的：1. iPhone[①]；2. Kindle[②]；3. MacBook[③]；4.老婆的手；5. CHERRY 键盘[④]。我也总是因此说服别人去购买最好的电子产品。

　　"Kindle 怎么能不买最好的呢？摸它的时间可比摸老婆

_____

　　① 美国苹果公司研发的智能手机系列，搭载苹果公司研发的 iOS 操作系统。

　　② 由亚马逊 Amazon 设计和销售的电子书阅读器。

　　③ 2015 年美国苹果公司出品的笔记本电脑。

　　④ CHERRY 公司是全球专业的键盘制造厂商，专注于电子产品品牌，所在地为德国，以机械键盘闻名世界。

的手时间还长哩！"

Oasis 真是轻盈啊，比上一代的 Voyage[1] 又轻了 20%，而且不对称设计使其重量全在手心，躺在床上读一个小时也不觉得手累，而且手心也不会出汗。

Oasis 质地真奇怪，在金属和陶瓷之间徘徊，而且不收集指纹。不过，我的大油手在开始阅读时会故意地先把掌心的汗渍蹭在机器背面，而且习惯了，改不了，说不定以后会有包浆，油光锃亮，我已经开始想象一年以后能加 100 块钱再卖出去——就像是被中年男性盘得发亮的核桃。

Oasis 外壳真亮眼，特别是红色，抑制不住的风骚劲儿，让人心潮澎湃。不过我买的棕色皮套感觉还谦和一些，藏在书包里，即便不看书的时候也愿意伸手到书包里蹭一蹭。你们看过《荒野猎人》[2] 么，就像是小李的那个厚重的熊皮披风，多实在啊，从头到尾跋山涉水，可以依赖。这个棕色皮外壳就是 Oasis 的熊皮披风，而 Oasis 里面的书就是我的熊皮披风。

Kindle 好就好在没人知道你读了什么，想读金庸就读金

————————————

[1] kindle voyage，亚马逊 Amazon 公司 2014 年推出的电子书阅读器。
[2] 2015 年亚利桑德罗·冈萨雷斯·伊纳里多（Alejandro González Iñárritu）执导的剧情电影，由莱昂纳多·迪卡普里奥（Leonardo DiCaprio）主演。

庸，没人说你幼稚；想读团伊玖磨^①也可以，没人责备你卖国；即便是藏了见不得人的书，那也是盖在熊皮披风底下，是独处时的小秘密。揭开我的棕熊披风，一个大男人居然在看《霍乱时期的爱情》^②呢，可是关你什么事儿呢？

中学时老师说读书是为了获取知识，大学时老师说读书是为了开阔眼界，再后来，读书似乎是为了增加谈资……于我，读书就是独处，自己与自己说话。世界变化太快，让我歇一歇。小时候都想要一个自己的房间，在里面导演左手和右手打架、翻跟头、唱歌、傻笑，Kindle 便是这样的房间。

对了，上一代的那个 Kindle Voyage 怎么办？卖掉吧，也有包浆，说不定会有个好价格。

---

① 日本艺术院会员、日本三大作曲家之一。

② 加夫列尔·加西亚·马尔克斯（Gabriel García Márquez）1985 年出版的一部小说。是 20 世纪最重要的经典文学巨著之一。

第十九课

未知并不可怕

——我们所有的努力，不都是为了见到更宽广的未知世界么？

The best thing about the future is that it comes one day at a time.

——*Abraham Lincoln*

关于未来最好的一点是，它会一天一天地来。

——亚伯拉罕·林肯

A hero is somebody who voluntarily walks into the unknown.

——*Tom Hanks*

英雄是自愿涉足未知的人。

——汤姆·汉克斯

When we in the face of darkness and death, we fear that is unknown, in addition, no other.

——*Harry Potter*

当我们在面对黑暗和死亡的时候，我们害怕的只是未知，除此之外，没有别的。

——哈利·波特

　　无论是谁都喜欢新年，我也是。一想到新年要来了就忍不住搓搓手。可是有什么好兴奋的呢？也不知道新的一年会发生些什么。我想了想，发现正是这深不可见的未知带来了莫名的兴奋。

　　未知当然令人恐惧，而我们所做的一切，似乎都是为了将未知变已知。学习是应对知识的未知；工作是应对经验的未知；家庭是应对情感的未知。可更重要的是，这一次次的未知变已知的过程，让我们发现了更加深邃的未知世界。可以这样说，**我们所有的努力，不都是为了见到更宽广的未知么？**

　　这些未知啊，远远地看过去，像是悬崖，深不见底，可跌落下去，说不定有桃花源非要留我住下来，又或是一只肚子上缝着九阳真经的大猿拉着我的手要和我做朋友；

　　这些未知啊，细细地听一听，像是海啸，惊涛巨浪，可被卷进去，说不定我就是下一个航海家辛巴达，这样我就成为一千零一夜中的新故事，装点孩子们睡前的梦；

　　这些未知啊，轻轻地闻一闻，像是毒药，是鹤顶红混上了七虫七花膏，可说不定喝下去，是浓郁的豆汁儿，来一大碗，伴着焦圈儿，可口得很；不能用油条，不够香脆，压不住豆汁儿发酵的味道。

　　万一前面真的是深渊，是海啸，是毒药，那该怎么办？

高兴还来不及呢，有多少人跌落过深渊，穿越过海啸，品尝过毒药呢？

有一首歌，叫《忧伤的嫖客》[1]，里面唱道：

"人生的经历总无常，你又何必介怀心上"。

想想看，其实人人都爱赌博的，只是有人喜欢牌桌上的赌博，有人喜欢人生里的赌博。若是在赌徒开始赌之前，就告诉他今晚他每一次抓牌的结果，即便是赢了，怕是也会兴趣大减。若是提前获知了人生的若干细节，那样人生的趣味性怕是也要消耗殆尽了。

真好啊，反正无非一辈子，好坏都是一辈子，还是未知刺激些。

想想我的 2016 年，我要和它拥抱，因为它待我着实不薄，想想 2017 年将要出现的未知，简直有点小兴奋呢。你看下面的这张图片，2017 年正在向我招手呢。

---

[1] My Little Airport（一个中国香港的二人组合）演唱的一首歌曲，收录于专辑《寂寞的星期五》中

新一年的我，必定会怀念那样温柔对待我的 2018 年

第二十课

如何更好地炫富？

心情随笔

The more you learn, the more you earn.

——*Cyndi Lauper*

学的越多，赚得越多。

——辛迪·劳帕

An investment in knowledge pays the best dividends.

——*Benjamin Franklin*

对知识的投资会得到最好的回报。

——本杰明·富兰克林

Knowledge is an inexhaustible source of wealth.

——*Sa'di*

知识是取之不尽的源泉，用之不竭的财富。

——萨迪

这周我们来讲一下"炫富"的方法。本节将会非常详细地阐述"有效的高端炫富"过程中涉及的一些晦涩技巧和不传秘籍。

首先我们都必须承认，我们内心有一股强烈的愿望，希望别人能够知道自己很有钱或者至少愿意花钱——即便大家嘴上说自己其实很穷（这当然很可能明明就是事实）。

但是炫富从来都是一个技术活——王恺烧粮做饭，石崇五十里锦缎①，多少有钱之士都尝试在炫富这条历史道路上画出属于自己浓墨重彩的一笔。但境界高低参差，差别可就大了。

---

① 石崇与王恺斗奢，石崇尤甚，用烛火烧饭，作五十余里长的锦缎屏幕以遮避风尘；击毁二尺多高的珊瑚树如同碎瓦的故事。

炫富阶段一：展现钱

炫富最低级的阶段，便是直接将钱拿出来，展示给别人看：一双明显是从事搬砖职业的大手，拿着一沓一张一张兑换而来的钱。

这种炫富方法好不好？没错，这种炫富方法的确是非常糟糕的。你不但不能证明照片中的钱的确属于自己，也不能证明这个钱不是自己花了二十年才挣到的，更不用说炫富的最大忌讳之一就是让人觉得你喜爱现金。电子时代，你必须下意识地认为（或者装作下意识地认为）现金是很脏的东西，本人只用 NFC^① 支付。

────────────

① 全称是 Near Field Communication，即近距离无线通信技术。

这种炫富，谈何品位？谈何境界？现在连暴发户们都已经不屑于使用这种方法，我就不做更多的讲解了。

炫富阶段二：展现物

购物也是常见的败笔，比如大家可以看一下如下页图片：

我们从图片中可以看到，一个青年尝试使用一张"三叉戟"牌①的照片来证明自己拥有这辆车(什么？你们笑什么？叫玛莎拉蒂？为什么会有这么奇怪名字的车？保持严肃，不要打断本大师讲课！)他觉得这样也就证明了自己的财富。我想讲到这里，我们就可以理解，为什么每次车展都有这么多人想要去参加了吧？还非要试驾一下。思考题是这样的：有几个人会专门找车展这种时候去试驾自己原本就能够买得

———————

① "三叉戟"指的是马萨拉蒂（Maserati）的标志，马萨拉蒂是一家意大利豪华汽车制造商。

起的车呢？

如果照片里的车真的是自己的怎么办？那也绝不能拍照，因为这说明拍照的人是个暴发户，他的前半生得多缺少这样东西才会专门拍照去炫耀？想想看，在白金汉宫门口拍照的都是旅客而不是女王大人！

炫富阶段三：融入物

那么有很多人就要问了：如果连用自己的钱买东西都不能证明自己有钱，那该怎么炫富？没错，我们必须进入第三阶段——融入阶段。我们至少要让人看到，我们花钱购买的东西能够对我们的生活造成切实的影响。常见的方式有很多，

比如去高级餐厅吃饭的时候，拍下整个餐厅的陈列并且说一句："好好吃哦，可是要减肥，人家都不敢多吃呢"。

为了不得罪人，我决定用自己的例子：

比如这张照片就可以配上这样的说明：这首诗好美啊，别有一番风味呢。

可是我们从照片中可以发现，我拍照用的是 iPhone

6s[①]，读书使用的是 Kindle Oasis 阅读器，底下是一台 iPad Pro（笔证明了这一点），旁边灰色的是新版 MacBook，最为心机的一点在于，靠在 iPad Pro 上的显然是一个 Apple Watch[②]，而且是钢版，因为只有钢版才能反光。

炫富阶段四：学习

那么还有没有更高级的炫富方式呢？当然是要有的，这也是这篇文章存在的意义：那就是学习！（不是学习炫富，我是指学习本身就是一种炫富行为。）如果大家可以把物质上的炫富，转化成为知识上的财富，那比上一个层次，都不知道高明到哪里去了。

譬如聚餐在劝人喝酒时，别人说：

"你要是不喝就是看不起我！"

轮到你劝酒的时候，你昂然道：

"对酒当歌，人生几何？譬如朝露，去日苦多，慨当以

---

① 美国苹果公司 2015 年发布的一款智能手机．
② 美国苹果公司于 2014 年发布的一款智能手表．

慷，幽思难忘。何以解忧，唯有杜康。①"

然后一饮而尽，这将是什么样的一种感受！要知道只有闲人，也就是不需要每时每刻都在工作的人，换句话说也就是最有钱的人，才有时间温习背诵诗歌啊。

又或者去了解艺术，当别人在讨论时下的网红经济的时候你插嘴说：

"啊，你们说得真好，和安迪·沃霍尔在20世纪70年代的观点一样，他也认为每个人都能在这个时代成名十五分钟"。

然后留下他们懵懂的脸，和对你所拥有的财富的崇拜。因为每个人都知道，只有最有钱的人，才能研究艺术啊。

————————————

① 出自《短歌行》，是曹操写的四言诗，创作于东汉年间。

深夜食堂，慢慢喝粥
——你最爱吃的夜宵是啥？

心情随笔

Part of the secret of a success in life is to eat what you like and let the food fight it out inside.

——*Mark Twain*

人生成功的一部分秘诀是，吃下爱吃的东西，然后让食物在肚子里斗争到底。

——马克·吐温

Tell me what you eat, and I will tell you who you are.

——*Brillat Savarin*

告诉我你平时吃什么，我就能说出你是怎么样的一个人。

——布里亚·萨瓦兰

Eat to live, but so not live to eat. (Proverb)

人为了吃而活着，不要为了活着而吃。（谚语）

石斑鱼虾粥

　　感谢外卖，晚上十一点，我能吃上一口石斑鱼虾粥。没想到这么多年后，面对着一碗石斑鱼虾粥，我还能清晰地记得中学校门口许记粥铺的那个晚上，记得端起来的盛粥的瓷盅如何厚实，记得透过氤氲水雾，能看到烟熏黑牙的柴瘦老板不时搅动填满鱼虾蟹贝的砂锅里的粥，为刚下晚自习的年轻生命提供养分。

　　其实鱼肉本不适合煮在粥里，因为有鱼刺，不好挑，麻烦得很；更何况无论什么样的鱼肉，只要煮得久了，都会很老很柴，不够鲜嫩多汁，精细的人们才不会喜欢。

　　可我偏偏喜欢。

　　深夜食堂，要的不是鲜嫩，而是踏实。没有人会在深夜吃满汉全席（便是能够，也未必愿意）。这种时候，一盅粥就包括了万千层次，紧实的鱼，柔滑的粥，脆壳的虾，这多层次的口感让我真切地感知到自己的存在，感知到自己的的确确专门做了一件愉悦自己身体的事。想想看，好久没有专门取悦自己的身体了啊。

在这一刻，我的脑后长出了一个巨大的裂缝，白天的迷思与纠结如脸盆里的水倾泻在地面上，所有的困劲或困境倾盆而下。用廉价的塑料勺抖动着舀起鲜白的鱼片，递向嘴边，整个舌头的味蕾如花依次绽开，头部的肌肉从后脸颊开始紧致，唾液不知从何时开始汩汩涌出，涂满上下槽牙，如同机器开动之前被涂满润滑油一般，锃亮发光。

虾也本不适合煮在粥里，因为有虾壳，不好剥。沾满了粥米粒的虾即便是世界小姐也很难吃得优雅，淑女与君子们唯恐避之而不及。

可我真爱啊。

谁说吃虾必须剥壳？我便是一口一个，嚼得咯嘣作响，虾肉搅和上虾壳，用舌头一卷，全部吞进肚子。形象？那是什么？能吃么？嚼起来也脆么？能让你感觉自己的牙齿锋利，心中的野兽张牙舞爪，要跳将出来么？吞咽下去的时候，也一路划过喉咙，感觉食道被爱抚么？

就在那一刻，心中的那只野兽就蜷坐在我身边，我不说话，它也只顾着埋头吃。我偶尔抬头看着它，这只平日里张牙舞爪的猛兽，正小心翼翼地剔除鱼刺。塑料勺对它来说太小了，只能用拇指和食指轻轻地夹住勺子的一端，只有内心平静的时候，才能拿捏得住。

深夜食堂，慢慢喝粥。

第二十二课

在最关键的时刻记得给最好的朋友记录下来

——谨以此文祭奠我们的青春

心情随笔

ake care of all your memories. For you cannot relive them.

——*Bob Dylan*

珍惜你的所有回忆，因为你不能重新体验它们了。

——鲍勃·迪伦

Memory... is the diary that we all carry about with us.

——*Oscar Wilde*

记忆就是我们可以随身携带，四处行走的日记。

——奥斯卡·王尔德

So long as the memory of certain beloved friends lives in my heart, I shall say that life is good.

——*Helen Keller*

只要我的心中存有挚友的回忆，我的人生就是美好的。

——海伦·凯勒

　　写下本文，祝愿文兴、YL 夫妇新婚快乐，祝两位博士毕业前便能早生贵子，更愿"贵子"拥有父辈般狂放的青春。

　　我对文兴说过：

　　"等脑子清楚之后，写一篇回忆小文送给你，贺新婚快乐，也祭奠我们的青春。"

　　（一）

　　在我清醒的最后几分钟里，AC 倒在我的凳子上，努力地扶着我。我清醒地意识到我即将变得不清醒，我需要找个能把我送回家的人。环视一周，地上零零落落躺着的人比桌上的人多。我大呼：

　　"柯达，柯达，拉我下。"

　　拉住柯达的手，我放心地失去了知觉。

　　（二）

　　回到茂名的时候，已经是晚上了。第一次做伴郎的我，走出车站，得意扬扬，全然不顾天在落雨。我中意茂名落雨，不知道为什么，北京也有雨，就是下不出这样的味道。我是

个理科生，我不是在抒情，这是真真切切的不同，不是被乡
愁迷昏了脑袋。

（三）

文兴用女式摩托载我到了一个叫作小东北的餐厅里。对
面坐着四五个姑娘——当时就没好意思多看，后来喝了一顿
烈酒之后就更忘了。我是伴郎，从三千公里外的地方赶过来，
穿着一件标有"Life is nothing"的 T-Shirt。我一脸谄媚地
笑，与对面的姑娘们说，希望明天能多多关照，不要太为难
新郎。姑娘们笑了笑，不理我，聊她们的——

"点菜吧。"
"吃什么。"
"白切鸡。"

（四）

我一直记得广东的白切（斩）鸡，北京想必也有，这是
名菜，只是我找不到。我在北京快 8 年了，大一的时候去
过故宫、颐和园和香山，之后再也提不起兴趣去什么地方。
守着农大的食堂，守着人大的食堂，守着兴发大厦楼下的

$7-11^{①}$。

（五）

很多年前我和文兴考到了北京，两个人的学校近得很，骑自行车 10 分钟就能到。一天我们溜达在路上，文兴说他们西门有一个很大的二手自行车市场。所谓的二手车市场，就是黑车市场。我咬牙花一百块钱买了一辆捷安特^{②}，同时看到一个姑娘。她很白，很漂亮，眼睛很亮；我们很黑，很健硕，激素过剩。想认识却又不敢，大一的男生都遇到过这样的情形。后来我让文兴在学校的 BBS^{③} 上发寻人贴，与现在大学 BBS 中的招亲贴类似。结果当然也类似——没有一点水花。

我们觉得饿了，跑到超市里买了一只烧鸡，一人一半硬生生地吃下去了，就在西门进去的小石凳上。手持烧鸡的我

① 日本连锁便利店，原属美国南方公司，2005 年成为日本公司。名称源于 1946 年，藉以标榜营业时间由上午 7 时至晚上 11 时，从 1975 年开始变更为 24 小时全天候营业。

② 全称台湾巨大机械工业股份有限公司，是全球自行车生产及行销最具规模的公司之一。

③ 全称是 Bulletin Board System（电子公告牌系统）。通过在计算机上运行服务软件，允许用户使用终端程序通过 Internet 来进行连接，执行下载数据或程序、上传数据、阅读新闻、与其他用户交换消息等功能。

们嚣张得很，一边吃，还一边偷看旁边坐着的漂亮文静读书的女生。可惜吃的不是白切鸡，而是烧鸡。我更喜欢白切鸡，白切鸡看起来干净些，没有油渍，若吃的是白切鸡，便可以给旁边的女生来半只。我们吮手的空隙，想象女生用白净的纤纤细手，大快朵颐半个烧鸡的样子。

（六）

"这里没有白切鸡，我们这里是东北风味，只有霸王鸡。"服务员应道，"来半只么？"

"来一只吧"文兴说，"我兄弟能吃。文勇，放心吧，明天婚礼有许多白切鸡。"

（七）

除了白切鸡，我还喜欢肠粉。但我知道这里不会有，干脆不开口点了。新鲜做的粉皮在一中门口卖，丰腴的老板娘将不知为何物的羹状体倒入一个个巴掌大小的抽屉里面，即刻用铁片铲起，撒上芝麻淋上酱油，人间美味。我第一次见到文兴就在那里，在学校外的小排档，柯达介绍的。文兴说他请客吃粉皮，因为是第一次见面。被人请客的感觉很好，所以我喜欢上了这个人。某年的 4 月 1 日晚上九点，我打电话给文兴，说我在东门，快点来接我，我们出去玩，去吃粉皮。文兴在冷风中骑车到清华东门，给我打电话说你在哪里，我说今天愚人节，节日快乐。文兴因为这个事情，状告到了柯达那里，柯达不怀好意地笑了。

（八）

"今天文兴晚上有重要的事情要做，想和他喝，先过我这一关"。

明天很快就变成了今天，我也很快就发现，伴郎真正需要说的只有这一句话。我喜欢这种感觉，我头脑清醒，四肢轻浮，红酒喝下去如水一般，白酒喝下去如雪碧一般。我状态神勇，我忘了我有脂肪肝，忘了我有胆囊息肉，只记得人生得意须尽欢，莫使金樽空对月。我高考语文不及格，更多的诗句记不起来了，反正无非是一个喝酒的理由，想喝就是了。

"给文兴面子，与我喝一杯。"

（九）

伴郎，不止要负责把自己灌醉，还需要负责灌醉不好意思把自己灌醉的人。YD 还是这样害羞，不说话，我只记得她是英语课代表，她去了广外，其他的都忘了，也从来没有联系过。她所说的人我大都不记得了，不好意思说不记得了，只能说"哦哦""真好"。她突然看了我一眼，说 HH 和 ZD 分了，她和另一个人好上了，她结婚了。YD 一口气说完了这许多的话，不留给我任何想象的空间。

（十）

HH 是坐在我上桌的女孩，是最漂亮的女孩，至少当时的我是这样认为的——尽管现在我也不记得她长成什么样子。她和我们班成绩最好的男孩 ZD 在一起，两个人恩爱得一塌糊涂。ZD 每次去完洗手间，HH 都等在外面送纸巾擦手。我自己即便洗了，也是往自己裤子上擦。一样的干燥，不一样的心情。那时候，HH 的眼睛干净得如水一般，短发加上发卡，是女人无敌的招数之一。那个眼神给我带来了无数个不眠之夜。她怎么能结婚了呢？我嘟囔道。当然，这应该不是爱，因为当时我暗恋的是另外一个姑娘。这种单纯的喜欢，连我自己都搞不清楚是什么，连对文兴都不曾提起。

（十一）

文兴不知道我的这一段，就像我不知道他去给 YL 唱歌的一段往事。据说唱的是《九百九十九朵玫瑰》，但有很多版本，有人说是放了伴奏带，有人说是清唱的，我没有得到证实，但今天他唱了，我喜欢得很。

"文勇你喝得有点多了。"

（十二）

以前我喝酒总是过敏，连啤酒都不能沾。文兴是坏人，他买了酒回来，诱惑我喝酒，我喝了之后，反应剧烈浑身起红疹，大家都吓坏了。后来在北京我们想喝酒，又不敢，只能开始买奶喝，后来好像是吐了，好像又没吐，总之打饱嗝的时候，都是奶香。

（十三）

柯达暑假到北京来看我们，我、柯达和文兴在校园里面游走，我模仿阿杜，给大家唱《在风里在雨里》，那首歌一中的中午时常播放。那时候柯达有六块腹肌，数得清楚，摸得着。我摸过，如市场上卖的豆腐一般棱角清楚。那时候我也打篮球，我没有腹肌，我没有赘肉，我一脸清纯。我们打篮球的时候，我只需要负责在三分线外放冷箭，进了便是运气，不进自有天命。我在外面狂喊，这边这边，扔三分。我时常投出空气球，人民群众时常对我不满，我却依旧还有机会接着扔球。现在的柯达，已经胖到睁不开眼睛，肚子上至少三条肥肉。

（十四）

我应该是喝醉了，我大呼："柯达，柯达，拉我下。"

柯达醉醺醺地抓着我的手说：

"不要这样水，我们继续喝。"

就是高兴不起来怎么办？
——想想那个叫西西弗斯的中年人

心情随笔

Shallow men believe in luck. Strong men believe in cause and effect.

——*Ralph Waldo Emerson*

浅薄者相信运气；有能力的人相信因果。

——拉尔夫·沃尔多·爱默生

God does not deem you to be lucky or unlucky... your mindset does.

——*Robert Kiyosaki*

上帝不会认为你是幸运的或是不幸的，你的心态才会。

——罗伯特·清崎

Pleasure is nothing else but the intermission of pain, the enjoying of something I am in great trouble for till I have it.

——*John Selden*

快乐不过是痛苦的间歇，享受之前要进行艰苦的努力。

——约翰·塞尔登

说个我的糟心事儿，让大家开心一下吧。

前两天我的 Kindle Oasis 丢了。它是我的心头肉啊，去哪里出差时都带着。办好入住了就取出来放在床头。其实通常爬上床就已经很晚了，可即便只是睡前伸手摩挲一下，也好假装自己今天也读了书。我常热衷于讽刺那些手里不断盘着核桃的大老板们，但在一瞬间我反应过来，我这不也一样是油腻的中年人模样么？大家只是把油腻涂抹在了不同的地方而已。

其实，有一位叫作西西弗斯的中年人，也和我们一样，满手是油，只不过他选择把他手中的油脂涂在每天滚动的大石头上。什么？你还不知道他的故事？这位叫作西西弗斯的朋友，由于得罪了宙斯而被迫每天重复一样的工作，反复受到同样的打击：具体工作内容是每天将一块巨大的圆石推上山顶，然后眼睁睁地看着自己刚刚推上山顶的石头滚落到山脚，第二天，再重新从事这项工作。我想每天推巨石上山这项活动可能你没什么感觉，但是每天重复一样的工作，反复受到同样的打击，这件事儿，是不是我们都特别地感同身受。

人生啊，总是不如意的事情居多。可是那该怎么办呢？做商业的人，都容易陷入一个这样的境地之中：以结果为导向，而容易忽视过程。可是扩充到人生来看，结局已经确定了，我们该如何在结局确定的情况下，让自己继续充满生活的动力呢？不容易啊！

想想看，西西弗斯难过不难过呢？肯定难过啊，可是又有什么办法呢，于是只能心里想着：今天是不是能够更快些把石头推上山去，创造出个人最好成绩？今天石头滚下山去的时候，有没有多颠簸几次，就像是打水漂的时候多几个水花？对了，可不要压着一路上的花花草草了，今天在上山的路上啊，注意到新长了个花骨朵儿，明天可以采下来，说不定能编织成一个手环，送给来世的情人。再不行，将今天的心境记录下来，说不定以后能出本书呢！（我在讽刺我自己，哈哈。）

按照阿贝尔·加缪①的意思，西西弗斯是"明知道自己的努力毫无意义但依旧不肯放弃抗争的勇士"，我想，或许西西弗斯也就是一个普通人，在结局已定的情况下，努力寻得生活的琐碎快乐和悲伤，点缀自己的路，开开心心走向每个人共同的结局。

————————

① 法国作家、哲学家，主要作品有《局外人》《鼠疫》等。

根据《荷马史诗》①,西西弗斯是人间最有智慧的人②,这么令人愉快的设定,这么激动人心的角色定位,除此之外,我们还能有什么期待呢?

亲爱的读者,希望你我都能开开心心。工作,能开开心心地工作,顺不顺利根本不重要,不顺利也要开心;生活,能开开心心地生活,平不平稳才没有人在乎,不平稳也要开心。哪能什么好事都赶上了呢?

---

① 相传是由古希腊盲诗人荷马创作的两部长篇史诗——《伊利亚特》和《奥德赛》的统称,是他根据民间流传的短歌综合编写而成。根据《荷马史诗》,西西弗斯是人间最足智多谋的人,他是科林斯的建城者和国王。

② 虽然西西弗斯被设定为世界上最聪明的人,但实际上他并没有怎么把聪明才智用在正道儿上,通奸、绑架样样精通,不过那就是另外一回事儿了,类比而已,我可没有诅咒大家的意思啊。

年龄再大也没关系
——更老的我已经做好准备

心情随笔

Aging is an extraordinary process where you become the person you always should have been.

——David Bowie

衰老是一个非凡的过程，在此期间你会成为那个你一直以来应该成为的人。

——大卫·鲍威

No one can avoid aging, but aging productively is something else.

——Katharine Graham

没有人能避免老化，但富有成果的老化则另当别论。

——凯瑟琳·格雷厄姆

Seize the day, for fleeting youth never returns. (Proverb)

光阴勿虚度，青春不再来。（谚语）

　　当我呆坐在书桌前犯困好一阵子都没有动手敲一个字时，心里突然响起一个声音："承认吧，你老了！"

　　我立即醒了过来，迅速地翻出了《尤利西斯》①里的那一段话，开始大声朗诵

　　　　"如今我们已经年老力衰，再也不见当年的风采，
　　　　历历往事如烟，岁月如霜，命运多舛，常使英雄心寒气短。
　　　　但豪情不减，我将不懈努力，求索，战斗到永远。"

　　是的，我还理直气壮地大声朗诵了一遍了英文：

"Tho' much is taken, much abides; and tho'

We are not now that strength which in old days

Moved earth and heaven; that which we are, we are;

One equal temper of heroic hearts,

Made weak by time and fate, but strong in will

To strive, to seek, to find, and not to yield."

---

　　① 爱尔兰作家詹姆斯·乔伊斯（James Joyce）创作的长篇小说。

但我暗自心虚，精力的确是不如从前了。年轻时连续熬夜依旧精神抖擞，一屁股坐下去十小时纹丝不动，脊椎骨立得笔直如旗杆；现在，只不过昨天睡前多读了半本毛姆[1]，今天便和吃了感冒药一般，昏昏沉沉，浑身的肌肉像是久放的琴弓，松松垮垮。

好在有济世的良药——咖啡。给自己弄上一小杯后，我开始思考：难道年老没有什么好处吗？ The Gift of Years（年龄的礼物）是什么？更重要的是，在新的一年，我该如何期许年迈的自己？

想了想我给自己提了两个要求：

其一，期许更老的我，能更主动地冒险；

对待生命你不妨大胆冒险一点，因为好歹你要失去它。

——尼采[2]

这句话不一定是尼采说的，但的确有些道理——老了后，

———————————

[1] 威廉·萨默塞特·毛姆（William Somerset Maugham），英国小说家、剧作家。

[2] 弗里德里希·威廉·尼采（Friedrich Wilhelm Nietzsche），德国人，著名哲学家、语言学家、文化评论家、诗人、作曲家、思想家，被认为是西方现代哲学的开创者。

我更能理解这句话了。人老了，会更加珍视时间，但把时间花在重复的和无意义的事情上，做那些一定会成功的事情，说那些一定正确的废话，是对时间的最大浪费。我导师曾叮嘱我一句这样的话，说的也是同样的道理：

"你要做那些有可能失败的研究，那才可能是有意义的课题，才能成事。"

我想，各行各业成事的道理其实是一致的。

1956年的夏天，一群那个时代最富有想象力的科学家和工程师聚集在一起，目标是设计出一种安全的核反应堆。他们中包括了通用原子的总裁弗雷德里克·代·奥夫曼[1]、普林斯顿高等研究院的弗里曼·戴森[2]，以及《奇爱博士》[3]的原型爱德华·泰勒[4]。核反应堆

---

[1] Frederic de Hoffmann，核物理学家。
[2] Freeman Dyson，美籍英裔数学物理学家。
[3] 1964 年英美合作出品的黑色幽默电影。
[4] Edward Teller，美国理论物理学家。

TRIGA[1]成功的关键不是技术创新，而是开放讨论的气氛。每天泰勒会提出十个想法，其中大部分听起来非常疯狂；戴森等人则通过耐心的工作去芜存菁。TRIGA受益于最大程度的自由探讨和个人创造力的发挥，以及最低程度的官僚干扰。戴森说，核工业的根本问题是，没有人再出于乐趣而建造反应堆。在1960年到1970年的某个时候，乐趣被赶出了行业，冒险家、实验家和发明家都被赶了出去。从此以后，奇怪的反应堆消失，同时消失的还有激进地改进现有系统的机会。[2]

我想，新的一年我务必要提醒自己这样几个问题：我是不是太保守了？我是不是正开始享受平静简单小富则安的生活了？自己的小公司正在逐步变大的过程中，会不会被官僚体系吞噬而成为一个毫无活力的公司？如何避免？我们能否吸引到足够多的 adventurers、experimenters 和 inventors 与自己一起工作？我是否努力营造了好的条件？原本的冒险家、实验家和发明家会不会逐步失去活力？我应该如何让大家有

————————

[1] 也叫铀氢锆反应堆,是一种以氢化锆与浓缩铀均匀混合物为燃料的固有安全性很高的反应堆。

[2] 参考网站 https://hardware.slashdot.org/story/13/12/07/2111259/nobody-builds-reactors-for-fun-anymore。

更多的发挥空间？

其二，期许更老的我，能更平静地积累；

你若是认为积累等同于重复，那便是羞辱了积累。积累是"千金之裘，非一狐之腋"，而重复只是"毛驴拉磨，周而复始"。

——老刘（我自己）

互联网时代似乎推崇迅猛的成功或轰然的失败，就和玩掷色子一样，只求尽快知道结果。而这显然给愿意积累的人留下了更大的比较优势和更多的机会。事实上，在慢慢变老之后，我越来越珍视所有可能的**积累**的机会。常常有人将积累与冒险当作一对反义词，我并不这么认为。冒险不是破坏，而是用早已积累的知识争取更大的收益；积累不是重复，而是不断将新知识纳入已有知识的冒险。每一次积累，本质上都是对原有知识体系的一次创新，一次发现，一次冒险。

第二十五课

雄性激素爆发期
——你生活中也记得要"抢七"

心情随笔

Nothing is given. Everything is earned.

——*James LeBron*

不靠别人给予，全凭自己争取。

——詹姆斯·勒布朗

Everything negative-pressure，challenges-is all an opportunity for me to rise.

——*Kobe Bryant*

压力、挑战，这一切消极的东西都是我能够取得成功的催化剂。

——科比·布莱恩特

There is only one person who can define success in your life—and that's you.

——*Michael Jordan*

只有一个人能界定你一生的成就——那就是你自己。

——迈克尔·乔丹

首先，让我向女性读者解释一下"为什么雄性动物会在重大体育赛事发生的时候出现周期性的激素水平异样？"毕竟最近这段时间是雄性动物异样的高发期，NBA 总决赛、世界杯将连环出现，雄性激素爆发性增长。

引用新概念英语之中说过的这样一句话[1]

"... as soon as you feel that you and some larger unit will be disgraced if you lose, the most savage combative instincts are aroused.

（一旦你想到你和某一团体会因为你输而丢脸时，那么最野蛮的争斗天性便会激发起来。）

"Nearly all the sports practiced nowadays are competitive. You play to win, and the game has little meaning unless you do your utmost to win."

（现在开展的体育运动几乎都是竞争性的。参加比赛就是为了取胜。如果不拼命去赢，比赛就没有什么意义了。）

简单地说是这样的：雄性动物在进化上略慢一些，还保

---

[1] 出自新概念第四册第六单元 The Sporting Spirit。

留着原始人的习性，其天性中有最野蛮争斗冲动。可麻烦的是现代文明又不允许战争高频率的出现，心里痒痒想要打打杀杀怎么办？便只能转向体育了。所以不要责备我们了，这一切都是雄性激素在起作用，抵抗不了，也便从了。

说了这么多，是时候给出本文的中心观点了。勒布朗·詹姆斯[①]老师真厉害啊！在刚刚结束的2017年NBA东部决赛中，登场46分钟，得到46分11篮板9助攻，硬生生地把比分扳回到三比三平，"抢七"大战终于还是要上演了。

其实在2017季后赛刚开始时，没几个人看好骑士，即便他们有詹姆斯。包括我在内的骑士球迷也只是嘴硬而已，心里总是发毛，毕竟老了啊。首轮对阵步行者都差点儿输掉，被老詹硬生生地从抢七大战中拽了回来；和猛龙倒还比较顺利，到决赛，一开始就以2比0落后对手，咬牙切齿地连续拿下两个主场之后，又在凯尔特人的花园球场被逼到了悬崖边上，实在是已经2比3落后了啊，真的是一步都不能再往后退了，再输一场就一切结束了啊。媒体们都喜欢起哄，说这天的这场比赛，是詹姆斯在骑士的最后一场比赛，甚至凯尔特人已经在更衣室准备了东部的庆祝的奖杯。

---

① LeBron James，美国职业篮球运动员。

但是，但是，但是！

老詹不服气啊，他又一次破坏了别人的庆典。就像是 2017 年的时候他们所做的那样。ESPN 的专栏作家布莱恩·温德霍斯特 ① 这样的评论道：

"CLEVELAND — No one cancels trophy presentations like the Cleveland Cavaliers.

（没有人像是克利夫兰骑士队这样拦着别人的获胜庆典。）

Between 2016 and 2017, the Cavs made the Golden State Warriors scrap four title celebrations. On Friday night there was a room ready for the Boston Celtics to accept the Eastern Conference title, and once again, the Cavs shut it down."

（在2016—2017年赛季，骑士队让金州勇士取消了四个冠军庆典。在周五晚上（美国时间），波士顿凯尔特人队原本已经准备了一个房间来接受东部冠军的头衔；骑士队再一次拦住了他们。）

---

① Brian Windhorst，ESPN 体育记者。

我看到这段话时，得意地笑了。是啊，老詹就是这样，不服就是不服，不接受命运的安排，就是会硬生生地扼住命运的咽喉。

无疑，凯尔特人的年轻人们还很稚嫩，全队打季后赛的总时长还没有詹姆斯一个人多。但他们天赋凌人，活力四射，看他们打球，感觉永远都不会累，第四节和第一节一样空接暴扣。可是看詹姆斯打球，第三节就开始明显累了，命中率下降了，失误也增多了。

是什么支持着詹姆斯一路扛下去呢？

我是一个中年人，每次想到这样的问题，就觉得喘不过气来，有种被扼住喉咙般的感同身受。

哪里有什么冠冕堂皇的理由？没有办法，不能不扛下去啊，这才是生活的本来模样。想要谋求进步，不能期待智力上的突进能带来惊天动地的好主意，更可能的是多花时间，更加投入，经受体力上的巨大磨砺。

詹姆斯为了保持好身体，常年稳定而大幅度地训练，每一个休赛期都是他重新出发，变得更好的新起点。2010 年后的每一个新赛季，都能发现他的变化：背身单打，稳定三分甚至邓肯式的高擦板等新技能。更核心的是，每天都进行的**身体机能训练，能带来的进步是如此的微不足道，可是，这么多年的训练却又集腋成裘，铸就了他与其他人之间动作稳**

定性上的巨大鸿沟。

　　显然，没有人会相信他不苦不累不想休息，更不相信他
天赋异禀而无须努力。真正惊人的地方是，这天赋异禀的麒
麟，居然比常人要更努力。他付出是如此得多，以至于我们
时常分不清楚到底是天赋还是努力，造就了他的成绩。或者，
他真正拥有的天赋，便是愿意努力。

　　詹姆斯为了"抢七"，付出了所有。周一一早的他，无
论最终是输了或者赢了，都算赢了[①]。

　　亲爱的朋友，我知道你可能和我一样，没有机会参与
NBA，但是，你生活中的"抢七"如何了？如果你是詹姆斯，
你也会那般全力以赴地"抢七"吗？你会不会也像老詹一样，
硬生生地扼住命运的咽喉？

---

　　① 顺便说一句，他赢了。

给自己定一下小目标
——比如写一本书

心情随笔

Writing a book is a horrible, exhausting struggle, like a long bout of some painful illness. One would never undertake such a thing if one were not driven on by some demon whom one can neither resist nor understand.

——*George Orwell*

写一本书是一桩消耗精力的苦差事，就像生一场痛苦的大病一样。你如果不是由于那个无法抗拒或者无法明白的恶魔的驱使，你是绝不会从事这样的事的。

——乔治·奥威尔

Start writing, no matter what. The water does not flow until the faucet is turned on.

—— *Louis L'Amour*

无论如何，现在就开始写作。（就像）水龙头不打开，水是无法流出的。

——路易斯·L·阿莫尔

Constant dropping wears the stone. (Proverb)

水滴石穿。（谚语）

我最近有一本关于教师职业生涯发展的书马上就要付梓了，但编辑老师说：

> "尽管这本书的内容精彩且扎实，但感觉还是缺点儿具体的落地指引，要是能多一本书作为配套就好了啊！"。

我当然能意识到，这句评论的前半部分是为我保全面子（我仍享受得很），但后半部分才是她真正想说的。我心里有些嘀咕：这本书都快要出版了，才提这种问题，哪里有临时说多出一本书就多出一本书的啊！而且不是已经设计了二十二个导读练习题了吗？这些问题难道还不够清晰吗？难道还非得有参考答案的配套图书才可以？愤愤不平的想法，一直在我的心中萦绕。

直到在 2018 年 1 月的线下教师研修班课上，我突然起意，让班上的每一位教师同仁自己来挑选或者被分配练习题，排好序，然后到了自己所属日期的那一天就在微信群中进行分享。而我自己，则承诺陪每一位同仁一起写作业，每天写一个参考答案，在供大家参考的同时，也供大家伙儿批评。

我的人生从来都是冒冒失失的，在当众做出这个承诺之前，我压根儿一篇作业的参考答案都没有准备好。但这不重要,反正大话已经说出去了。一次作业无非两三千个字而已,坚持 22 天,中间不停歇,就好了。

于是我就开始了。

其实一天写两三千个字并不是一件难以做到的事情——大概是一个小时多一点的工作量。我坚持了二十二天,一共写了十万字(含文本)。早上起床之后写一个初稿,晚上睡觉之前修订一下,然后发到群里供大家伙儿参考。早上喝咖啡,晚上喝红牛,实在不行就做俯卧撑,有奇效。就这样坚持下来,我写完了。

写作的最大嘉奖就是写作本身。常常会有人询问我写书的经验:"这三四十本书是怎么写出来的?"我就会回答:

"写呗,一点儿一点儿地写!"

每当我这样回答,总会获得不少白眼,感觉我总有什么独特的小秘密,不肯与大家分享。而好在这次研修班里的同仁们能够为我作证,真的没啥秘诀,的确就是列一个大纲之后,每天写一点点,然后就写完了。

引申一步地说,我所贯穿的新书写作逻辑,与我时不时与读者朋友们所探讨的处世哲学异常的相像:① 动手前不要期待什么都想清楚——在没有动手之前,可能有很多信息永远也不会浮现，我们也永远不可能提前想清楚。② 坚持多写作是重要的品质，实际上绝大部分的事儿都是如此。多动手是成功的关键。③ 一点一点地写，从细节出发，逐步汇集成河流，做宽泛的、看似高屋建瓴的事儿，尽管看上去很高大上，但对于年轻人来说，未必是一件好事情。少列提纲多动手吧!

有一本名为 *Bird by Bird* 的图书，讲得就是这个道理。有空的时候买来翻翻看吧。

第二十七课

职场新人
——如何对待自己的新工作？

心情随笔

A dream doesn't become reality through magic; it takes sweat, determination and hard work.

——*Colin Powell*

梦想不会魔法般的实现，而是通过汗水，决心和奋斗才能实现。

——科林·鲍威尔

Enjoy your sweat because hard work doesn't guarantee success, but without it you don't have a chance.

——*Alex Rodriguez*

享受辛苦流汗的感觉，因为努力工作不一定会保证成功，但是没有它你将连机会都没有。

——阿莱斯·罗德里格兹

It is no use doing what you like; you have got to like what you do.

——*Churchill*

不能爱哪行才干哪行，要干哪行爱哪行。

——丘吉尔

　　这是一个崭新的时代，世界变化快得令人发指；最热的资本四处流窜，媒体不断地报道着一夜巨富的神话。刚刚加入劳动力市场的同学们自然难免心里痒痒的，每个人都期待到最火热的行业中去分一杯羹：是不是该投身于比特币，或是人工智能，又或是抖音直播？热点当然还会层出不穷，但让我来泼一盆冷水：凡是你所能意识到的热点，都已不再值得"投机"了；你的认知不太可能比资本更准，你的行动不太可能比资本更敏捷；要小心当韭菜才是。

　　新鲜人加入新单位，总会有期待。对初任领导的期待不比初恋情人低，可那些领导们（譬如我自己便是个小领导）似乎总是达不到要求，索性提前对你们说一说我对职场的想法，以便断了你们的念想，把责任推卸一番。

　　说到哪里算哪里吧。

要看重手中的活儿

　　无论如何，都要看重自己手中的活儿——混饭吃的玩意儿，非得要练得炉火纯青不可。自己工作职责下的事儿，要做得像淮扬菜中的大煮干丝，干净利落，丝丝分明；像拉小提琴的一出手，就要逼得别人用"情妇的肠子"来形容他的琴弦

（帕格尼尼 ①），这才是对自己职业的尊重，是基本的匠人精神。

要热衷于交流

工作中的交流也是技术，也要特意用心留意学习，多多练习：如何明快地说出重点？如何说服别人？如何快速地达成一致？原始人中擅长沟通的人成为了巫师，别人负责打猎，而他负责吃饱喝足与神说话聊天；诸葛亮舌战东吴群儒，比二十万士兵厉害，自然封侯拜相得意扬扬。交流就是生产力，你们会慢慢理解这句话。

容易被看穿很重要

在工作中与人相处，用什么样的状态最好？predictable（可预测的，可预见的），容易被看穿最好，这样才会减少交易成本，工作幸福美满，你和公司才会长久地"走下去"。

小时候，家长教育我们要"大丈夫喜怒不形于色"，只要被别人知道了自己在想什么，似乎就会显得浅薄。但工作

---

① 尼科罗·帕格尼尼（Nicolo Paganini, 1782 年 10 月 27 日—1840 年 5 月 27 日），意大利小提琴 / 吉他演奏家、作曲家、早期浪漫乐派音乐家，是历史上最著名的小提琴大师之一。

中这样的人真的不明智。科斯大神[1]说：

> "企业事实上就是为了克服交易成本而出现价格机制的替代物。"

简单地说，我们在公司内一起工作（而不是通过市场直接分工），就是为了克服交易成本。

你要我做什么，有没有列表？你所列的工作计划什么时候能完成，能不能告诉我？你怎么想的，直接告诉我不好吗？同意还是不同意，请给个准信儿？如果猜测工作伙伴心思的时间一长，工作效率自然大幅下降。浪费生命，谋财害命，离我远点儿！

珍惜其他人的时间

工作中另一个重要的要素是：珍惜他人时间。

这点对职场人真的很重要，因为好多人在从事开创性的工作时，往往喜欢开会，想要不断进行头脑风暴。而我认为头脑风暴很可能是现在最被滥用的效率杀手——没有经过提

---

[1] 罗纳德·哈里·科斯（Ronald H. Coase），新制度经济学的鼻祖，美国芝加哥大学教授、芝加哥经济学派代表人物之一，1991年诺贝尔经济学奖的获得者。

前思考的头脑风暴，毫无意义；这种头脑风暴的会议邀请，简直就是"杀人"的请帖。赤壁诸葛亮拜会孙权之前，是否已经想好了退曹之计，供大家商讨？还是会和孙权说：

"我还没想好呢，想着先来与你头脑风暴一下"？

另外，这也是为什么我觉得一定要与聪明人在一起工作的原因——聪明人都会珍惜时间。要和笨蛋一起工作，需要加薪1万元。生命太短，远离笨蛋，多思考，别人才会觉得你聪明，才会觉得和你交流是进步，才会觉得自己浪费了你的时间，自己不得不勤于思考才敢与你交流，于是拼命思考，拼命进步。啊，这样的组织是多么美妙啊！

对了，他人的时间要珍惜，那自己的时间不用珍惜么？哦，那我就管不着啦。

那如果遇到自己不喜欢的活儿怎么办？没办法，接着干。这又不是你开的公司（当然也不是我开的）。不过十之八九你根本没有喜欢的工作，除了吃饭、睡觉、刷朋友圈，你原以为你爱干的活儿很可能只是还没有变成工作而已。不信你假装自己是电影评论师，一天看五部电影试看？小时候那些喜欢数理化的学生，大部分只是很享受数理化成绩好而被其他同学羡慕的感觉，不信你问问他们认为最美好的数学公式是什么？

适当地放松很有必要

—— 一部励志电影能给你带来什么？

Success is no accident. It is hard work, perseverance, learning, studying, sacrifice and most of all, love what you are doing or learning to do.

——*Pele*

成功没有偶然。它需要努力工作、坚持、学习、牺牲，最重要的是，热爱你正在从事或学习的东西。

——佩尔

Effort only fully releases its reward after a person refuses to quit.

——*Napoleon Hill*

只有当一个人拒绝放弃的时候，他的努力才会得到全部的回报。

——拿破仑·希尔

Patience and persistence although painful, but it can gradually bring you benefits.

——*Ovid*

忍耐和坚持虽是痛苦的事情，但却能渐渐地为你带来好处。

——奥维德

《洛奇》是史泰龙[①]出演的一个拳击电影系列,共有六部:每一部我都很喜欢,翻来覆去地看过很多遍。其中《洛奇1》获得了当年奥斯卡金像奖的最佳影片、最佳导演与最佳剪辑(1976)三项大奖。电影的情节很简单(苍白):一个穷小子被选中和拳王打一场表演赛。穷小子经过努力训练,最后站上拳台,奋力拼搏,获得人们的尊重,如此而已。

在演绎穷小子时,电影加入了冗长、平淡、慢节奏且贫苦的日常生活。生活在现代的青年观众接触这种影片时往往不知所以然,似乎觉得不如其他电影中的大喜大悲来得刺激。没有人会不喜欢大起大落的故事。故事也只有如此才吸引人。真实的生活不是这样的。那些跌宕起伏的情节,即便是真的发生过,也由于散落在时间的长河中,化作相距甚远的石子,难有波澜。而时间才是生活这个大剧幕中唯一的主题。

以前在创业的时候,有很多人都会问我,你们公司有什么额外突出的地方吗?为什么能够在激烈的市场竞争中存活下来?有什么业务模式上的创新吗?有什么别人想不到而只有你们想到的东西吗?我往往会说,其实业务模式并没有什么额外创新的地方,我们仅仅就是做事比别人更努力,更花

———————————

① 迈克尔·西尔维斯特·恩奇奥·史泰龙(Michael Sylvester Gardenzio Stallone),美国画家、演员、编剧、导演及制片人。

时间，因此自然干得更漂亮。每当我这样说，都会被投以不信任的目光，似乎我隐藏了什么不可告人的秘诀。我甚至时常会说这样一句话：

"那些能够被总结成一两句话经验的东西，几乎是毫无意义的。真正的经验，隐藏在每一次加班的灯光里，每一个跳出舒适区的不适应中。"

在电影的最后，洛奇在经历了对自己身体的极大磨砺之后，站上了拳击台。不管结果是输还是赢，都算赢了。

人在江湖　难舍美味

——我心心念想的椰子鸡

心情随笔

Your diet is a bank account, good food choices are good investments.

——*Bethenny Frankel*

你的饮食就像是一个银行账户，而好的食物选择就是好的投资。

——贝辛妮·弗兰科

Part of the secret of success in life is to eat what you like and let the food fight it out inside.

——*Mark Twain*

让食物成为你的药品，药品应该是你的食物。

——马克·吐温

Compared to found a new star, found a new dish have more benefits for the happiness of mankind. (Proverb)

与发现一颗新星相比，发现一款新菜肴对于人类的幸福更有好处。（谚语）

椰子鸡

又要到深圳讲座了，马总问我：

"总让你从北京跑深圳，会不会很累？"

我答道：

"不会啊，其实我对深圳有念想。"

我的念想是啥？是"椰子鸡"！

我从来都不是吃货——食堂、7-11和"面香"构成了
我在北京的食谱。于我而言，吃饭是一件辛苦的事儿——被

迫社交，只会浪费时间，减慢我改变世界的进度。我常盼望最好能不用吃饭，所以 Soylent^① 这种"纯粹为了节省时间的代餐粉"是最好的主意，应该流行。

但"椰子鸡"是例外。

"椰子鸡"是一种据传最早源自海南的美食。相传在远古时代，海南物产丰富，人们"安其居而乐其业，甘其食而美其服"。突然有一天，一只成了精的公鸡出现了。此鸡偶食了女娲补天时遗留下来的五色石，幻化成精，凶猛如虎，四处攻击人类，啄食牲口，民不聊生。勤劳勇敢的海南人民决定团结起来，设计将公鸡精引入椰树林中，而后一声令下，万众一心，十面埋伏，用椰子将公鸡精砸死。人民群众不解恨，于是围坐而将公鸡炖熟吃掉。不曾料想，被椰子浸泡过后的鸡肉竟然别有一番风味。人们为了纪念海南的英雄儿女，就将这道菜流传了下来，并称为"椰子鸡"^②。

所以椰子鸡的制作方法简单直接，就是使用椰肉作为配料，椰子汁做汤，炖煮生的鸡肉块，煮熟后直接蘸调料吃。

虽然我对所有能够制作出好吃食物的厨师都带有十二万

---

① Soylent，是一家特殊的食品科技公司。他们致力于将人体所需的营养物质数据化，然后以各种形式的代餐（能量棒、粉末等）来取代食品。

② 此椰子鸡的起源故事是我临时拍脑袋杜撰出来的，不是正史。

分的崇敬，但对于"椰子鸡"这种制作方法极其简单的菜品来说，关键不在厨师而在于原料的采购。

　　首先是鸡肉，一般情况下，老饕都只能接受文昌鸡，我倒觉得它和普通的鸡没有什么差别，也从来不问。但鸡肉一定要新鲜，要肥瘦适中。新鲜的鸡肉骨头里会渗血迹，煮完之后呈暗红色（而非暗灰色），鸡肉摆上来还没有煮熟之前，就有明显的肉香味而不是腥味；若是运气比较好碰到肥瘦适中的鸡肉，煮完之后吃起来应该像是婴儿的脸，鲜、嫩、滑、弹。千万不要选择太肥的鸡，以免毁掉了椰子鸡的清爽口感。刀工也有差别，块儿的大小决定了入口后的层次：块儿太小，则一入口就瘫散在嘴里，没有嚼头，入汁儿太多烫舌头；块儿太大，则中间层没有浸润椰汁，嘴里的鸡肉丝丝分明，塞在牙缝里不出来。此时饭桌上的大家只能假装谈笑风生，实际则都在努力地用舌头摩挲牙缝的那根肉丝。

　　其次是蘸料，凡是不用"酱油＋辣椒＋沙姜＋金橘汁"的都不是最优解。使用这个组合，并不只是在遵循某种古老而无用的传统，而是吃椰子鸡这种着重呈现原料香味的食品是人民群众的古老智慧的沉淀。味觉的层次感在蘸料中获得升华，酱油咸香、辣椒刺激、沙姜辛辣奇香、金橘汁酸涩微甜。如果细细品尝，鸡肉本身的嫩滑多汁，承载了这咸香刺激、辛奇酸甜的多层味道，五味杂陈，令人回味。当然，这种慢味道不好找，只有不需要社交的时候，一人独食才能品尝出来。

最好再配上腊味煲仔饭一同食用。这是一个奇怪的组合，"椰子鸡"与"煲仔饭"，制作方式与口感风味都大相径庭，但奇妙的缘分使之走到了一起，组成了神奇的一对。椰子鸡虽然是肉，但太淡了，清汤寡水，就算是肚子吃饱了，眼睛也还不过瘾。还好有腊味煲仔饭，热情、丰满、火辣。做煲仔饭从来没有火候刚刚好一说，就像西班牙斗牛舞的情绪，绝不收敛。只有底层已经烧焦的煲仔饭才好吃，一锅有三分之一都被烤焦在锅底，怎么刮也刮不下来才对。咬一口腊肠，干韧、饱满、满嘴流油才对，才满足，才觉得吃"椰子鸡"有了圆满的结尾。

最后的最后，可以喝一口汤，缅怀一下当年与公鸡精战斗过的那些海南的勇士们。

老生常谈却又不得不面对
——奇怪却有效的减肥之旅〔上〕

心情随笔

A healthy attitude is contagious but don't wait to catch it from others. Be a carrier.

——*Tom Stoppard*

健康的态度是具有感染力的，但不要等待从其他人那里得到。要成为（这种态度的）载体。

——汤姆·斯托帕德

Great works are performed not by strength but by perseverance.

——*Samuel Johnson*

完成伟大的事业不在于力气，而在于持之以恒的毅力。

——塞缪尔·约翰逊

Few things are impossible in themselves; and it is often for want of will, rather than of means, that man fails to succeed.

——*La Racheforcauld*

事情很少是完全做不成的；其所以做不成，与其说是条件不够，不如说是由于决心不够。

——罗切福考尔德

阅读前小贴士：

—— 每个人的情况都不同，大家不要轻易地按照我的建议操作。

—— 为什么突然讨论减肥？因为我最终想证明，**减肥和学习其实还是挺类似的**。

从 2017 年年初开始减肥，到 6 月底，我的体重从 174 斤滑落到 147 斤左右。到 10 月初，稳定在 134 斤左右，共减了 40 斤，前几天去体检发现中度脂肪肝已经完全消除。所以要专门写个文章来炫耀一下，顺便说说感受。

我开始减肥其实是被两个人刺激的，一个是我体检时的医生，他说：

"你还这么年轻，就中度脂肪肝了，唉……这可……唉……"

然后就幽幽地叹了一口气说：

"以后，能注意就还是注意点儿吧……"

那语气感觉像是要对我放弃治疗了一样。

第二是我的一个学生，他和我讨论"为什么美国的政客不太容易胖"——不是因为工作太辛苦，而是因为一个胖子很难让选民相信他是一个自律的人。然后他突然就说起我：

> "你总让学生努力学习，可是你对自己都不够自律，哪
> 有什么资格对学生说三道四呢？"

尽管他是以一贯搞笑的语气说这一番话的，但我仍然受到了两万点伤害。

我时常不遗余力地讽刺那些**"自己不读书却强迫孩子读书的孩子爸爸，自己不热爱艺术却强迫孩子学习艺术的孩子妈妈"**，可是我居然变成了**"自己不自律却强迫学生自律的老师"**。

嗯，我必须要自律，我要减肥了。

基本原则是战线尽可能拉长，反馈尽可能及时。

"战线尽可能拉长"这一点，我想大家可能都已经听腻了，毕竟是花了十年才长成的肥肉，要人家一年就离开，真是够"薄情寡义"了。若想要在特别短的时间内大幅度减轻体重，只能是以脱水等等伤害身体的方式来进行，那自然就会得不偿失，这样简单的道理在这里就不再多说了。

但是，深入思考如下的这个问题是有益于我们深入调解并想出解决办法的：

为什么我们总会希望在短时间内就能大幅减重呢？

减肥固然越快越好，但还有一个原因是：我们即便嘴上不承认，心里也知道，如果一直没有明显可见的效果，自己就会坚持不下去了。

我们做任何事情（其实远不光是减肥）都喜欢（如果不是很大程度上依赖于）及时的反馈机制，人类的耐心可比想象中的要糟糕太多了（这与在经济投资中，"长期的投资是如此有益却又难以做到"是一个道理。大部分人都热衷于利用经济的起伏而进行波段操作，最终的结果当然十有八九被市场给"不可描述"掉了）。

从"赌博上瘾"这个奇怪的角度来开始说起。赌博上瘾应该有许许多多的因素，但是其中重要的一点在于，赌博往往能够以较快的速度给赌徒以刺激。即便是负面（输了）的刺激。老虎机的一拉，炸金花的一把，俄罗斯轮盘的一掷：前面的等待都是为了后面验证后的情绪爆发，这一次爆发产生的快感，无论是成功还是失败，都是对自己先前行为的验证。验证即有快感。没错，关键中的关键就在于：验证就有快感。

于是，麻烦的地方与尝试解决的方案被我们找到了：

减肥实在是一件过程长、反馈不及时的事情，很难验证，没有快感（学习其实也一样）。所以我们需要制造刺激，寻找反馈的可能。对于减肥来说，体重当然是第一刺激。所以我给自己刺激的方法很简单，就是至少每天都称一次体重，甚至一天数次。

秤的种类并不重要，但是数目要多，要统一，要有蓝牙，能够在 App 上记录（我使用的是三个 99 元的小米体重秤，分别放在家里的卧室、书房和公司），最好能够与 apple health[①] 之类的软件链接在一起，时刻警醒自己或向他人炫耀。

没什么不好意思的。我们每个人都会受到刺激，而后影响行为。上个月有几天，当我在和 140 斤的体重线斗争时，每次中午点餐之前和自己说，先称一下，如果体重在 140 斤以上，就吃沙拉，如果在体重在 140 斤以下，就吃点儿别的好吃的。然后，当然就吃了很多顿的沙拉。阈值清楚，刺激明确，不必纠结。

另外，寻求刺激时的诀窍是锱铢必较。在家称重时，我必定先尝试上厕所，不喝水，甚至连胡子都恨不得刮掉，为的就是轻一两是一两。我与自己打交道已经 30 年了，太了

---

① Health 是苹果公司开发的一款应用程序，可让用户轻松了解自己的健康状况并实现健康目标。它整合了配套使用的 iPhone, Apple Watch 和第三方应用程序的健康数据，用户可以随时查询各项指数，以便调整相应的运动强度。

解自己，知道该如何驯服自己，这样的刺激很重要，每一两体重都能让我清楚地知道昨天的运动／自律是有意义的。国庆假期，每天瘦 4 两，一点也不快，但是一天也不停，相信时间的力量。

　　想想看学习也是如此。成长亦是如此啊。

第三十一课

老生常谈却又不得不面对
——奇怪却有效的减肥之旅（中）

Change your life today. Don't gamble on the future, act now, without delay.

——*Simone de Beauvoir*

今天就开始改变你的生活。不要把赌注下在明天，现在就行动，别拖沓。

——西蒙娜·德·波伏娃

Patience and time do more than strength or passion.

——*Jean de la Fontaine*

耐心和时间比力量和热情的作用更大。

——让·德·拉封丹

Energy and persistence conquer all things.

——*Benjamin Franklin*

能量加毅力可以征服一切。

——本杰明·富兰克林

本来我想提出来的第二个减肥的原则是"随时随地多做运动"，但发现似乎自己也压根儿没有做到。工作太忙，琐事太多，时间大抵不受自己控制，想要随时运动心有余而力不足。那怎么办呢？若是尽量多运动做不到，那就尽量多走路、多骑自行车来通勤。实在不行，那就和我一样，尽量多站着吧。站着总比坐着好，也算是运动的一种了，诸葛亮当年说服大胖子刘禅减肥，不是说"勿以恶小而为之，勿以善小而不为"[1]吗？

对于久坐的人来说，长胖几乎是必然的。回忆下自己长胖的惨痛历史，充气般加速度变胖的时候，就是开始自驾上班的时候。每天的运动只是从驾驶位换到办公室的工位，我迅速便拥有了一团雄壮的臀大肌和挂满全身的赘肉。

按照科学家们的说法，不时地保持极轻度的运动（漫步甚至仅仅是站立），相比较于久坐都能显著增加能量消耗。以前看过的一个BBC[2]纪录片中的案例是"不时行走的餐厅服务员（从不去健身房）"要比"每周花大价钱去请私教健

---

[1] 此句出自《出师表》，本义是用作进谏国家大事，此处是在故意搞笑。

[2] 即 British Broadcasting Corporation（英国广播公司），成立于1922年，总部位于英国伦敦，前身为 British Broadcasting Company，是英国最大的新闻广播机构。

身的中产阶级"更难肥胖。所以我们必须开发各种方案来使自己不再久坐才行。

第一个方案：站立式办公桌

这真的是一个超级好的方法，因为电脑桌的高度可以调节，干活的时候手也可以靠在桌子上，舒服得很。养成这个习惯后，连续 2 个小时的站立办公毫无问题。

不过一开始不要对自己期待太高，站不动了就坐一会儿呗，反正只要每天能够多站一会儿（无论是多长时间），都是有意义的。是的，我当时就是这样安慰刚开始的自己。

也不要担心什么静脉曲张[①]，现代人坐着的机会实在是太多了：开会、吃饭、喝咖啡，连续站立超过 10 个小时才会有机会（也仅仅是有机会）静脉曲张，而站立的时间对于基础代谢率的提高实在太明显了，也难怪 apple watch 每日的健康任务之中，有一个主项目是要求大家每天 12 个小时里含有站立时间。担心站立式办公会导致静脉曲张，也就基本类似于只去几次健身房的女孩担心自己会成为施瓦辛格。

对了，apple watch 也就是我的第二个方案。

_____

① 静脉曲张是指由于血液瘀滞、静脉管壁薄弱等因素，导致的静脉迂曲、扩张。

第二个方案：买买买！购买一个可穿戴的健身检测设备！

我尝试过 fitbit 智能手环[1]，misfit[2]、apple watch 等诸多可穿戴设备，他们无一例外都有防止久坐的功能，所以买看着顺眼的就好啦。可别怕花钱啊，你得这么想：去一次健身房，基本消费也得一百块，要是有教练就更贵了。而一个可穿戴设备，要是能成功提醒你 10 次，能让你在不想动的时候起来动一动，就算只是起来喝口水都值了。

misfit 好看啊，整块由铝雕刻而成，我当时用的是 speedoo[3] 与 misfit 的合作款，游泳的时候感觉自己的手腕上闪闪发光，穿水花时的我能自己给自己想象出柴可夫斯基的三重奏作 BGM[4]；fitbit 专业啊，那数据一堆一堆看不懂，感觉自己像个进化中的机器人，肥肉瞬间变成机器人的润滑油，

---

① fitbit 智能手环，是一款智能记录器。它可以将佩戴者当天的各项数据记录下来，以获得对自身健康全面的了解。这些数据包括移动距离、移动脚步数量、卡路里的消耗量以及身体的活跃时间等。

② misfit 是一款人体活动及睡眠跟踪器。它能追踪使用者身体的活动及运动量，并借由 iOS 或 Android App 应用软件提供给用户包括步数统计、卡路里消耗量、移动距离及浅深层睡眠时间统计等数据。

③ Speedo（速比涛）是世界著名的以制造泳衣为主的运动品牌，它来自澳大利亚，创立于 1928 年。

④ BGM，即 background music（背景音乐）的缩写。

不断消耗；当然最安全的选择还是 apple watch，经过前两代的发展，系统已经流畅，续航也已经达到了可以接受的范畴，第三代已经有 e-sim①，在泳池都能打电话了。当然你也可以理解为我为了购买更多的电子产品而找各种理由，但是……你管我，反正我瘦了。

第三个方案：喝水。

多喝水是为了多上厕所。

我知道，所有健康类的文章都让人多喝水，在这一点上，中医养生类的文章与"科学松鼠会"②的观点居然达成了惊人的一致。但在这儿，咱们多喝水是为了多上厕所，防止久坐。

"不久坐"，说起来容易做起来难。手表一提醒，你可能正处在工作状态的巅峰期、电视剧的高潮期或者游戏开黑时，那可怎么办？只要一个不注意，很容易就忽略过去了。因为手表又不是久不运动就会电击一下（啊！我似乎发现了一个

---

① e-sim 是一款手机卡。传统的 SIM 卡把用户锁定在一个服务网络中，而 e-SIM 则是集成在手机之中，用户无法拆下。该卡的用户的身份识别模块允许他们可以根据自己的需要选择运营商，并允许用户随时快速切换。

② 科学松鼠会（Songshuhui-Association of Science Communicators）是一个致力于在大众文化层面传播科学的非营利机构，成立于 2008 年 4 月。

蓝海产品的机会，有做硬件产品的读者请务必联系我）。事情一件接着一件，总是没有最合适的动一动的机会。而憋尿可就难多了，多喝水，喝到每个小时要去上一趟厕所，喝水量和运动量都刚刚好。别问我是咋知道的，实践出真知。

对了，我现在正在一趟 14 个小时的飞行中，啥也不想干。赖着，猛喝水。

亲爱的朋友，你是不是该起身弄杯水来喝了？

老生常谈却又不得不面对
——奇怪却有效的减肥之旅（下）

心情随笔

Miracles sometimes occur, but one has to work terribly for them.

——Weizmann

有时候奇迹是会发生的，但是你得为之拼命努力。

——魏茨曼

Life begins at the end of your comfort zone.

——Neale Donald Walsch

人生始于舒适区的尽头。

——尼尔·唐纳德·沃尔什

If we're growing, we're always going to be out of our comfort zone.

——John Maxwell

如果我们渴望成长，就必须走出舒适区。

——约翰·麦克斯韦

跑步是有氧运动，器械是无氧运动（大部分），我大多会选择后者。为了使我的观点更加"极端"（也更加令人印象深刻），应该这样总结："与令人肌肉疼痛的无氧运动相比，舒适有氧运动①几乎没啥意义"。

无氧运动的定语是"肌肉疼痛"，有氧运动的定语是"舒适"。如果你不只是为了在健身房跑出微微一层汗之后开始更长时间的自拍或摆拍（您能相信吗？那些装修华丽的健身房，都有能喷水雾的瓶子：我一直都没有搞清楚这是用来干啥的，喝水不方便，降温不实用。直到有一天，一个小女孩往自己的脸上喷上水雾之后，开始了半个小时的自拍……），那么一定特别关注运动的效果。那怎样才算练到位了呢？肌肉是最好的指标：在锻炼的第二天第三天由酸到疼了，就说明练到位了。

由于增加基础代谢率是减肥的关键点（之一），在做过无氧运动后肌肉开始增长，人体每天无须额外运动也能自然消耗更多热量。其核心步骤，就在于无氧运动的过程中通过剧烈拉伸肌肉纤维，使其受伤后补偿性生长。

让我举个学习之中的例子：

---

① 其实,有氧运动对于消耗存量热量（而非增加基础代谢率）有很大的帮助。真正的麻烦在这里：我们不愿意在自己训练的时候，通过有氧运动消耗掉足够多的热量。

如果你在无人逼迫的情况下学习，每天翻翻英文杂志，能不能以舒适的进度来提高英文水平呢？当然可以，只是速度慢得很，几乎不可见。而要想有明显可感知的进步，恐怕还是要下大功夫，开展几乎让自己"难受"的学习进度才行——甚至要有老师的敲打与激励。因此，无论是学习还是健身，终究都要跳出自己的舒适区——到一个令你难受却又不至于会放弃的区域内进行。

简单地说，就是要让运动变成"主动"折磨自己的过程。关键词不是折磨自己，而是"主动"。折磨不可避免，主要是要看是自己主动去拥抱，还是被动接受。学习也是一样。

爱情，比什么都重要

——爱情到底是个啥？

心情随笔

The best proof of love is trust.

——*Joyce Brothers*

爱的最好的证明就是信任。

——乔治斯·布格泽斯

Trouble is part of your life——if you don't share it, you don't give the person who loves you a chance to love you enough.

——*Dinah Shore*

麻烦是生活中的一部分；如果不与人分担，你就不能给爱你的人提供一个机会。

——蒂娜·肖尔

Pure love and suspicion cannot dwell together: at the door where the latter enters, the former makes its exit.

——*Alexandre Dumas*

纯洁的爱情和无端的猜疑水火不容：起了疑心，丢了爱情。

——大仲马

同事结婚，大伙儿都在写祝福语。我是主婚人，自然也不能例外。我想了想，写了这样一句话：

"爱情，比什么都重要。"

写完后觉得意犹未尽，其实还有满肚子的话想要说，但估计明天是个欢腾的日子，我也不太可能正正经经地对他们说完这些话，还是写成文字好些。（也算是完成了主婚人"叮嘱新人"的工作）

今天是个太重要的日子，你们要步入婚姻这个被做过无数次奇怪的类比的地方。很遗憾，在婚姻生活之中，作为先行者的我并没有什么诀窍要告诉你们——我自己连"纸婚"都还没到，况且还时常吵架，家里折腾得鸡飞狗跳。但我可以来转述社会学家安东尼·吉登斯[①]的观点：婚姻的过程，是"最重要社会关系"从"亲子关系"转变为"夫妻关系"的过程；婚姻过后，两人便成为对方的亲属，而依此形成的核心家庭，是一个社会的基石。所以我想说：

爱情，比什么都重要。

---

① 安东尼·吉登斯（Anthony Giddens），英国著名社会理论家和社会学家，是当代欧洲社会思想界中少有的大师级学者。

任何其他的社会关系都比不上爱情。所以，这句话不是我为了加重语气而说得夸张的话，是真的。

那么在爱情之中，又是什么最重要？是不是"目不斜视，一心一意一生一世只看你一个人"？很遗憾，不是。让我说句实话吧：男人都一个德行。比如朱自清先生写过的一段话：

> 老实说，我是个欢喜女人的人；从国民学校时代直到现在，我总一贯地欢喜着女人。……在路上走，远远的有女人来了，我的眼睛便像蜜蜂们嗅着花香一般，直攫过去。但是我很知足，普通的女人，大概看一两眼也就够了，至多再掉一回头。[1]

女孩们先别忙着生气，朱自清先生还写了另外一段话：

> 我们之看女人，是欢喜而绝不是恋爱。恋爱是全般的，欢喜是部分的。恋爱是整个"自我"与整个"自我"的融合，故坚深而久长；欢喜是"自我"间断片的融合，故轻浅而飘忽。这两者都是生命的趣味，生命的姿态。

---

[1] 节选自朱自清的散文《女人》。

但恋爱是对人的，欢喜却兼人与物而言。①

所以，在爱情中，要求对方（特别是要求男人）"目不斜视，只看我一个"只能是一个美好的愿望。这和让女人们一辈子只买一件衣服、一个包一样，几乎不可能。但好在"我们之看女人，是欢喜而绝不是恋爱"。

我再举一个更嚣张的例子来：戊戌变法失败后，已婚的大叔梁启超受邀前往檀香山访问、演讲，与少女何惠珍产生了一段说不清的感情。虽然梁启超最终并没有做出什么出格的事情，但他还是给夫人李惠仙如实地汇报了这件事。信中是这样说的：

　　"余归寓后，愈益思念惠珍，由敬重之心，生出爱恋之念来，几乎不能自持。酒阑人散，终夕不能成寐，心头小鹿，忽上忽下，自顾二十八年，未有此可笑之事者。今已五更矣，提起笔详记其事，以告我所爱之惠仙，不知惠仙闻此将笑我乎，抑恼我乎？"②

---

① 节选自朱自清的散文《女人》。
② 节选自梁启超给妻子的一封信。

结果怎样呢？夫人居然接受了梁启超的忏悔和道歉，既往不咎了。

你们说这个故事告诉了我们什么？老刘为什么要拉梁启超先生来垫背？是为了说明男人都是一个德行？好吧，这算是一种解读；但从另一个角度上来说，这证明了真正简单明了的爱情，是相互信任的爱情，是有话就说的爱情。梁启超真正厉害的地方并不在于精神出轨，而在于精神出轨之后，他居然还能够、还敢于、还愿意和自己的老婆交流、沟通。如此直接的夫妻间交流，令人咂舌，与两位共同向往之。

在爱情之中，相互信任，乐于交流比什么都重要。

你们既然已经决定了要在一起，步入婚姻的殿堂，那今后便要相互信任，相互依赖，把对方当作另外一个自己，把一个自己的想法说给另一个自己听。任何情况、任何事情，只要分担，哪里有什么过不去的呢？"

该嘱咐的也差不多了，我在作证婚人时，大概只会说：

"祝福两对新人，百年好合。
大家幸福，比什么都重要。"

第三十四课

讨厌开会

——你是否和我一样

心情随笔

No certain goals. Wisdom will be lost; Where are the targets, there is no goal. (Proverb)

没有确定的目标。智慧就会丧失；哪儿都是目标，哪儿就没有目标。（谚语）

It is not enough to be industrious, so are the ants. What are you industrious for?

——*H. D. Thoreau*

光勤劳是不够的，蚂蚁也是勤劳的。要看你为什么而勤劳。

——梭罗

It's not the hours you put in your work that counts, it's the work you put in the hours.

——*Sam Ewing*

工作效益不在于时间长短，而在于真正做了什么。

——山姆·尤恩

我讨厌开会。即便在后来的工作中成了所谓的小领导，我还是讨厌开会。

可领导们似乎都热衷于开会：多威风啊，领导讲话，所有人都在齐刷刷地记笔记，拥抱领导的精神。领导自然被一阵阵的掌声全身按摩，身心舒畅，恨不得"我再讲五分钟""我再补充两句"。哪里有不热爱开会的领导呢？

还真有！

埃隆·马斯克[①]，可能是现在最著名的美国商业领袖——常被人认为是漫威漫画中钢铁侠在现实中的映射——曾经在 2018 年 4 月 17 日给特斯拉全体同事的邮件中，写到过这样的一番话。

……

Btw, here are a few productivity recommendations:

- Excessive meetings are the blight of big companies and almost always get worse over time. Please get of all large meetings, unless you're certain they are providing value to the whole audience, in which case keep them very short.

- Also get rid of frequent meetings, unless you are dealing

———————————

[①] Elon Musk，企业家、工程师、慈善家。现担任太空探索技术公司（SpaceX）CEO 兼 CTO、特斯拉公司 CEO 兼产品架构师、太阳城公司（SolarCity）董事会主席。

with an extremely urgent matter. Meeting frequency should drop rapidly once the urgent matter is resolved.

- Walk out of a meeting or drop off a call as soon as it is obvious you aren't adding value. It is not rude to leave, it is rude to make someone stay and waste their time.

......

以上这段话大概的意思是这样的：

"说完了正事儿，让我来提几个能够提高大家工作效率的建议：

1. 过多的会议是大公司的毛病；开大会没什么意义，除非能保证大会能够给每个人都带来收益；

2. 经常性开会也没什么用，除非是要处理比较紧急的工作，而一旦事情变得没有这么紧急了，就该立马降低开会的频率；

3. 如果你明显已经对一个会议没有什么贡献的作用时，你应该尽快地离开会议，真正粗鲁的不是"离开会议"，而是明明知道在浪费别人的时间却依旧让别人留在会议之中。"

（其实这封邮件之中的其他部分也很有意思，大家有空的时候可以在网上找来看看。我喜欢这种简单利落，句句见血的句子。①)。

　　你看，这才是真正的狠角色啊！只有成功人士才好意思这样说话，也只有成功是人才能够说出这样的话。那些天天开会的领导们读到这一番话的时候，难免面红耳赤、大汗淋漓。会议不是目标，而是工具——会议是解决问题的工具，而不是帮助领导舒缓精神的工具。明确而细致的目标，能够帮助我们建立良好的会议预期，解决真正确切的问题。

　　我有几个标准来判断一个会议是否是好的会议：

　　1. 会议的主题是什么，**一分钟之内能不能说清楚，十分钟能不能说详细？** 这个标准很奇怪，开会必须主题明确，这一点谁都知道。为什么必须一分钟之内能说清楚？因为只有这样，才说明中心明确。中心越多，参与者越是记不住，效果越差。那为什么又必须十分钟也能说详细？这说明已经找到了足够多的素材，来论述自己的话题。若是对于话题没

---

　　① 我觉得这封邮件中对于产量的理解也很有意思，的确是一线的管理者才能说出这么真切的话。有点儿像是传统的木头理论。我们的业务模式也类似，市场销售教学服务综合等等，若干方面，很难简单地说哪个方面是最重要的，但是"做得最糟糕的那个方面将会决定我们的最大产量"。我们的重要目标，是发现团队中最糟糕的方面。BTW，如果你们和我一样关心特斯拉，他们现在已经实现了 6 000 万的产量了。

有提前思考，就最好不要参加这个会议，以免浪费自己的时间，更浪费他人的时间。要是需要在会议上发言，硬生生逼自己说出那些没有经过思考的糟糕想法，还会污染他人的大脑。

2. 会议的结论是什么？对应到谁？在什么时候？必须进行什么动作？发生哪些结果？这些结果是否可以被清晰地衡量？为了防止冗长的会议，需要把责任分配到人。防止 bystander effect[1]，没有明确责任人的任务十之八九是不会被执行的。Peer pressure[2] 很重要。

3. 是否敢于随时中断一个会议：面子，尤其是领导的面子，毫不重要。一旦发现了某个会议毫无意义，就应该指出这一点（最好是领导本人），并且解散这个会议。每当我们心里都清楚地知道，在会议上讨论的某个话题没有在会后补充更进一步的信息之前，不可能得出有效的结论。这个时候的纠结和探讨，在绝大部分情况下，不会使得问题更加清晰

---

① 旁观者效应：在现场旁观者的数量影响了突发实事件中亲社会反应的可能性。当旁观者的数量增加时，任何一个旁观者提供帮助的可能性减少了，即使他们采取反应，反应的时间也延长了。

② 同侪（tóng chái）压力：同侪指与自己在年龄、地位、兴趣等等方面相近的平辈，出自《左传·僖公二十三年》。同侪压力指朋友之间的影响力，出自《圣经》（中文译本）。

而只会使人更加疲惫。

如果不能做到这些要素，不能建立反思的情绪，这样的会议，不开也罢。

人生需要积累

——当我们讨论"积累"时，具体指积累些啥？

心情随笔

All great things are done in the middle of accumulation. (Proverb)

伟大的事情都是在积累中完成的。(谚语)

Life insight in the forward, the years in the accumulation of color. (Proverb)

生命在前行中顿悟，岁月在积累中生香。(谚语)

Failure is what I need, and it is as valuable as success to me.

——*Thomas Alva Edison*

失败也是我需要的，它与成功对我一样有价值。

——托马斯·阿尔瓦·爱迪生

互联网时代的人们都憧憬着一夜暴富，各式各样的大众媒体们愿意（也几乎只愿意）报道这样华丽的故事。更麻烦的是，媒体们容易暗示这些成功的人是通过奇淫巧技般的突发奇想获得巨大成功的。但是如果你心智正常，你就应该知道这些"一夜成名""一夜暴富"的经历不太可能发生在自己的身上，因为我们既没这么优秀，也没这么好的运气。

所以在工作之中，还是老老实实积累才是啊。

可是究竟应该积累点儿什么东西呢？尽管我对于除了教育以外的其他行业并不很了解，但我总觉得商业从本质上来说，还是依靠内容、品牌基础驱动的，而这正是我们应当并需要持续追求积累的地方。

最稳妥的办法是积累内容。

我自己便是这样做的：在刚刚进入教育行业的时候，我只是一名普通的出国考试培训的小老师。上课挣钱，下课就睡觉，也不知道前途在哪儿。而正在我不知道该干点儿什么的时候，我就简单地和自己说：把自己所讲的课程记录下来吧，至少可以使得自己的课程越讲越好。

于是我就开始记录自己课程的逐字稿：没错，就是把上课的时候所讲的每一句话都记录下来的逐字稿。听上去工程量很大，其实不过尔尔：我讲话的速度很快，但是一节课两个半小时，也说不过两万个中文字。所以十节课，一共也就二十万个字。听上去很多，可是文字精度要求不高啊，其实只是记录上课时要说的每一句话，一天五千个字，是毫无压力的。所以大概花不到两个月的时间，我就把一本逐字稿给写出来了，之后找了个出版社出了我的第一本书。

后来我每讲一门课，我都把自己所讲的所有内容都记录下来，实在是无聊啊，也不知道自己讲课会讲到什么时候。其实我心里的朴素想法是：记录下来自己要讲的每一句话之后，以后每想到一个好点子，都要在上课的时候使用，修改起来也会变得容易些。无非就是针对逐字稿进行一点儿一点儿的修改而已啊。就这样，我一年大概写三本书，坚持了十二年。

对此我洋洋得意。一个十年的教书匠并不少见，但是一个坚持了十年，出版了三十多本图书的人，应该就没有这么多见了。毫无疑问的，这些图书现在构成了我的主要声誉（当然也是收入）来源。大家愿意和我合作，也在于我的这些积累：我甚至还在这些积累的基础上发起了两次完全不同领域的创业，一次是教育类的小公司，另一次是 B to B 的计算机类的公司。

老刘（我）曾经出过的书

这样说可能有点儿夸张，但是我跌宕起伏的职业生涯，很大程度上源自于**刚开始从事这个事业时的无聊透顶**，于是将自己所有想要讲的内容积累下来。所以啊，在我的经验可以覆盖的范围之内，对于内容的积累，至少对我来说，是最重要的事情了。对了，这个过程不需要智力，只需要体力好，屁股大，坐得住。

其次，就是积累失败。

说起这个事，让我想起来之前经营一家小公司时和某同事的一次对话。当时她说："你看，你在这件事情上花费了这么多精力，不还是没有带来什么好结果？后悔了吧？沮丧了吧？"我点了点头，的确觉得挺不高兴的，但是又觉得没有什么，都已经习惯了。

　　如果说两次创业给我带来了什么，我想最重要的事情，就是让我对失败（或者应该称为自己的想法不被验证成功）抱有了更加开放的状态。以前在大学里面写论文，总希望自己能够通过研究，得出一个什么惊世骇俗的结论来：一旦发现某条路没走通，就大为沮丧。那时候导师说得最多的一句话便是："这也是一项成果啊，验证了某个方法走不通也是挺好的啊。"当时听到这句话的时候，总觉得导师是在安慰我，但是后来创业了，居然越来越能够理解这句话的真谛——人生的经验可以被积累，把事情做成功的经验当然能够帮助自己再次获得类似的成功，而把事情做失败的经验也很棒，这能让自己以后不再犯同样的错误，这在成功的路上同样是重要的积累。

　　如果你和我一样，需要从职业生涯的底层一步一步地往上走，从无到有，白手起家。那么承受失败，受得了恶心社会的脾气，恐怕才是真正职业生涯的开端。

第三十六课

关于消费
——如何说服自己购买最新的电子产品？

Before reach the goal, all efforts that didn't work hard enough.

——*Robert Crais*

达到目标前，所有努力都叫不够努力。

——罗伯特·克里斯

What makes life dreary is the want of motive.

——*G. Eliot*

缺少动力将让生活无聊乏味。

——艾略特

All my means are sane, my motive and my object mad.

——*Herman Melville*

我的方法是理智的，不过我的动力和目标是疯狂的。

——赫尔曼·梅尔维尔

　　新手机用了三天，我也被朋友们质疑了三天：为什么非要"浪费"钱去买最新的电子产品？旧手机不也一样可以用么？

　　我决定写一段话来论述我的观点。

　　当人类已经被移动电子设备彻底攻陷（无论我们承认与否），"每年及时换一台新手机"就变得与"战斗后的勇士立刻更换新兵刃"一样常见——**没有哪个勇士会拒绝更锋利更轻薄更顺手的武器，我们对手机也是这样。**

　　把手机比作武器太夸张？我可不这样认为。商业社会的惨烈难以言喻，没有深切感受到这一点的人，要么是尚未涉事的学生，要么从小使用金汤匙喝汤的少爷。

　　其实，如果你只是把手机当作简单的通信工具，那么20世纪90年代的手机就能够满足你；如果你只是把手机当作游戏机，那么21世纪初的游戏机应是你的最佳选择。而现在的手机，已经成为一个无限趋近完善的生产力工具了——没错，各类数据其实都表明，我们在移动端上完成的工作已经几乎超过了桌面端。如果我们将手机视作生产力工具，那么每一分效率的微小提高，都值得花费巨大的代价，因为这每一次微小的提升将累积成为最后巨大进步的源泉。

　　就我而言，手机的作用更加广泛而重要：

100% 的工作安排是通过手机：OmniFocus/OmniPlan[1]；

95% 的信息整合是通过手机：Evernote[2]/OneNote[3]

90% 的沟通协调是通过手机： 微信[4]/Teambition/Outlook[5]

80% 的内容创作室通过手机：Quip[6]/Word[7]/Ulysses[8]/OmniOutliner[9]

……

这些软件为什么能成为优秀的生产力工具呢？让我以对 OmniFocus 这个软件的介绍开始吧！

---

[1] OmniPlan 是一款项目管理应用程序。

[2] Evernote 是一款多功能笔记类应用程序。

[3] Microsoft OneNote 是一套用于自由形式的信息获取以及多用户协作工具。

[4] 微信是一款为智能终端提供即时通信服务的免费应用程序。

[5] Outlook 是 Microsoft 的主打邮件传输和协作客户端产品。

[6] Quip 是一款内容协作工具。

[7] Microsoft Office Word 是微软公司的一款文字处理器应用程序。

[8] Ulysses 是一款写作应用，支持各种格式的写作和导出。

[9] OmniOutliner 是对日常工作想法记录的一款软件工具。

OmniFocus——积极主动（be proactive）

"积极主动"是一条简单的工作原则：也是在工作中遇到问题后，要尝试积极主动地、以解决问题的眼光来看待问题，在可能的范围内成为影响者和推动者。

我们可以利用 OmniFocus 做到这一点。OmniFocus 是一个完善的"待办事项"记录工具，与基本的 GTD[①] 的套路一致。

GTD 的理论很冗长，但至少我们都知道工作中需要一个待办事项，重要的是学会将看到的一切都以"主动"的事项条目记录下来。

譬如，我的日常工作中有一部分是写书（可惜并不是什

_____

① GTD 就是 Getting Things Done 的缩写，翻译过来就是"把事情做完"，是一个管理时间的方法。

么高深的内容，只是一些备考书籍），那么当看到书中有一个错误，如果我标注成为"听力手稿 P545 的例题讲解有错误"就并不是一个很好的选择，因为这属于一种现象的描述，对于解决问题并没有直接帮助，更正成为"修改听力手稿 P545 例题讲解"就会略微好一些。

OmniFocus 当然能够帮助我们记录下如上的内容——不过这和简单的记事本没有什么差别。OmniFocus 还有如下的几个能力：

——在该待办事项下拍照（作为附件），这使我们能够清楚地了解该事项的所有情形；

——在该待办事项下录音（作为附件），这使我们能够对该待办事项进行更多的说明，而且不用动手敲字。譬如刚刚所提及的"修改听力手稿 P545 例题讲解"这一任务来说，发现任务的那一刻，其实是最有感触的时刻，我们会很快地反应过来更优的方案。"用纸笔记录下来"这个动作太重了，很有可能由于不自觉的懒惰，不愿意写，而转瞬即逝。

——加入"家里"这样的地理位置标示，这样当我回家到达书桌旁的时候，该软件将会给出基于地理位置的提醒——我也只有回家才有工具完成这一切。

——加入该事项所需时间很重要，不然根本没有办法统筹安排多个事件。

——当然，我需要一个截止日期，不必写得太苛刻。一些年轻人之所以总是不喜欢电子的待办事项列表，坚持不下来，往往就是因为对自己太苛刻。

——另外，我还需要一个推迟时间，换句话说，由于我现在正在做别的任务，我需要集中精力，脑子里面不能装着眼前的这件事情，不然收件箱中的内容越多，越容易心烦意乱。所以我推迟两个小时，意味着这个任务两个小时之后还会再次出现。这一刻无影无踪，轻松自如。

其实我们的愿望，是能提供更高的工作效率，让我们都能享受一点工作之外的时间，做一点工作之外的事情——最好不要像我，工作和生活掺杂在一起，分不清楚。张岱说：

"人无癖不可与交，以其无深情也；人无痴不可与交，以其无真气也。"

我居然痴迷于回邮件，这也算是"痴"的一种么？

这篇文章只证明了一件事儿：男人为了买新手机，能一本正经地瞎说些啥。

看准了你再跳啊

——为什么加入小企业可能是一个好主意？

心情随笔

> *It never will rain roses. When we want to have more roses we must plant trees.*
>
> ——*G. Elio*
>
> 天上不会掉下玫瑰来，如果想要更多的玫瑰，必须自己种植。
>
> ——艾略特
>
> *Trouble is only opportunity in work clothes*
>
> ——*H. J. Kaier*
>
> 困难只是穿上工作服的机遇。
>
> ——H. J. 凯尔
>
> *Adversity reveals genius; fortune conceals it.*
>
> ——*Horace*
>
> 苦难显才华，好运隐天资。
>
> ——贺拉斯

刚毕业的学生能去大公司工作自然是一个不错的选择——完善的制度，合理的薪资，稳定的晋升途径，没有一个条件不是年轻人们所需要的。我也曾是学生，当然知道刚刚（或是即将）毕业的大学生们总会期待一份稳定而体面的工作，譬如"金色的"领子与高级的写字楼。年轻人的家长们也都喜欢炫耀："我的儿子王二狗，刚刚进入了一个世界五百强的企业。可棒了。"说起这样消息的时候，家长们难免是神采飞扬，仿佛自己的孩子不是进入了一个世界五百强企业，而是创造了一个世界五百强。

即便如此，我却仍想要尝试与你讨论这样一个话题：**为什么可以考虑去小公司磨炼而不是大公司？**

我自己曾经创业做过一个小公司，在行业内还挺有名气的，虽然后来被收购了（这是一个悲伤的故事，以后有空和大家聊）。在创业那段时间里，我时不时就要尝试说服优秀的年轻人，放弃那些光鲜亮丽的大公司 offer，来选择我的小公司。

我一般会这样阐述微小企业能够在现代商业社会生存下去的原因：

首先，由于对产品的专注与企业的生死存亡密切相关，因此在许多行业，中小型企业的产品质量丝毫不逊色于大企业。

其次，我有这样一个奇怪的思考角度：只有大型的公司才会有完善的 PR（公共关系部门）或者品牌营销部门，小公司则所有的部门都是产业闭环中必不可少。对于中小型的企业来说，那些非必需的部门暂时还来不及或者没有资源去创立。

我当然知道可能正在看本文的你就是一个公共关系专业的孩子，你可能很生气我这样诋毁你的专业，难道我去大公司的这样的部门，不是一个好选择么？嗯，的确不是一个好选择，除非你在蓝色光标（可能是最著名的公共关系业务企业）。对于绝大部分企业来说，我们如果要想在职业生涯上获得长足的进步和发展，就必须进入这个企业的核心部门去。譬如你如果有机会进入腾讯，就最好进入他们的游戏部门。你没有看错，因为腾讯本质上就是一个游戏公司，百分之七十的利润是来自游戏部门，这才是公司的核心部；如果你进入百度，最好就应该进入凤巢团队——也就是百度的竞价排名的团队，这才是他们商业模式的核心。只有这样，你才最有可能在这个行业之中走得最远。

可能你已经注意到了，我举的例子都是大公司：百度、腾讯，甚至蓝色光标。可是现在我们不是在讨论和说服大家相信，小公司可能也很值得去吗？没错，正因为在小公司，**没有资源和精力去组建非核心的部门**，或者非核心的任务会由核心部门的人来兼任，这也就意味着，在小公司大家所磨炼出来的商业能力，很有可能就正好是这个行业最需要的商业闭环中的能力。

此外，额外值得注意的是，现在的绝大部分产业都属于服务类的产品为主，无论是大小公司都很容易提供"按份出售"的服务，其本质上是以人为单位的服务包（包括人的学识、经验、责任感乃至热情）。换句话说，公司无论大小，比拼的都是提供服务的个体能力，并不是顾客选择有一万个员工的大企业接受服务，就能同时获得一万个人的服务。

阮一峰老师曾经翻译了一本叫作《黑客与画家》[1]的书，里面提及了不少选择小公司的好处。我想这里面的内容几乎全部都可以借过来尝试说服你。由于我很难讲得比保罗·格雷厄姆更好了，索性只简单摘录如下的一些句子：

"大公司最大的困扰，就是无法准确测量每个员工的贡献。它会把所有人的贡献平均化……你最好找出色的人合作，因为他们所做的工作会和你所做的工作一起平均计算……。所以，在不考虑其他因素的情况下，一个非常能

---

[1] 作者是保罗·格雷厄姆（Paul Graham），他是美国著名的程序员、风险投资家、博客主和技术作家。本书适合所有程序员和互联网创业者，也适合一切对计算机行业感兴趣的读者。

干的人待在大公司里，对他本人来说，可能是一件非常糟的事情，因为他的表现会被其他不能干的人拖累。"

已经在大公司了怎么办？倒也不至于要辞职，只是千万记得这样几点：① 公司再大，也不是你创造的；② 千万别享受（最好发自内心的痛恨）公司中的繁文缛节；③ 记得主动承担责任，就算是那些看上去没有什么好处的责任。**只有愿意承担责任的人，才会是最后能够拥有责任的人。**

其实，无论各位是准备加入一个大公司还是一个小公司，最关键的，还是大家是否愿意抱有一颗一直在思考并且积累的心。只要是够主动，你应该能够学到大量的东西，甚至将很快主导一个自己的项目，甚至部门。毕竟公司小意味着空缺多，不像大公司一个萝卜一个坑，升职缓慢。其实，如果你把政府类比为最大的企业，就能理解了。

我在很早的时候就认定了这样一个道理：这个社会在绝大部分情况下，比拼的都是谁花的时间更多，谁更用心去积累。事实上，以大多数人的努力程度之低，根本轮不到去拼天赋。出于完全一样的道理，我觉得在现代商业社会中，公司之间比拼的，显然就是哪个公司能沉下心来做一些实事儿，真真正正地为客户提供有核心价值的服务。这恐怕就不是公司的大小这个简单的指标能够决定得了的了。

第三十八课

一招不慎 满盘皆输
——细节和名声都很重要

心情随笔

A good reputation is a fair estate.

——*Thomas Fuller*

美名是一笔丰富的财产。

——托马斯·富勒

A wounded reputation is seldom cured.

——*Bohn*

败坏了的名声难以恢复。

——保恩

People have a good reputation, is to have a large fortune. (Proverb)
人有一个好名声，就等于拥有一大笔财产。（谚语）

　　"沽名钓誉"在中文里面是一个贬义词，似乎真正值得被赞扬的人是那些所谓坦坦荡荡的人。"坦荡"这个形容词可能给人带来了一种错觉，认为名誉是从天而降，油然而生的。我并不这样认为，好的名声是值得维护，乃至"经营的"。

　　让我来先讲一段亲身经历：

　　作为一个对高科技产品毫无抵抗力的 Geek[①]，我在 2002 年开始使用某易的诸多服务。坦率地说，由于当时并没有 Gmail[②]，某易的服务令我十分满意。我无限信任自己的选择，并急不可待地将几乎所有的邮件都搬到了某易中；当时某易还推出了一个网络相册，号称空间无限；这样的口号在 10 年前是不可思议的。出于信任，我将我所有的电子照片都存入了这个网络空间之中。

　　突然有一天，某易发来邮件说，相册出了技术问题，有一"小部分"用户的照片遗失了，难以找回。显然，我就是这一"小部分"用户之中的一个。我丢失了大学时几乎所有的电子照片。我当然很气愤，将所有与某易相关的内容全都删除了，并从此踏上了劝说每一个身边的人放弃某易邮箱

---

　　① geek：对……痴迷而不善交际的人。

　　② Gmail 是 Google 的免费网络邮件服务。

（甚至放弃任何由国内服务商所提供的互联网服务）的路程。后来有无数的人都尝试说服我（我心里也知道），迄今为止，某易依旧提供着可能是最好的中文邮箱服务，但信任已失，多说无益。我的这个经历，似乎暴露了我是一个特别小心眼的人，不愿意给别人第二次机会。可是，我的照片只有一份，谁又能给我第二次机会呢？

由于互联网时代的兴起，现代商业中所有的好口碑都会被积累，而所有的坏名声，都会被无限放大。传统的中国人总说："好事不出门，坏事传千里。"任何一次小错误、小差迟，都可能会导致顾客有意或无意地向身边的人抱怨，被竞争对手大肆地宣扬。出现这种情况时，我们很难去责备任何一个宣扬你曾经做错过事情的人，无论他是否恶意，无论这个错误是否是小概率事件，是否是无心之举。

让我强调一遍，我指的声誉不是某个公司，而是指单个的个体。每一丁点儿信任的积累，都是我们自我壮大的基石。

亲爱的朋友，我要提醒你们这样一件事——我们努力获得好名声，是为了自己之后的职业道路能够越走越宽：只是顺便便宜了自己当前所在的公司而已。千万别认为自己是为了别人才去爱惜自己的名声！

第三十九课

"你有多爱我"
——如何回答"你有多爱我"？

心情随笔

At the touch of love everyone becomes a poet.

——*Plato*

每个恋爱中的人都是诗人。

——柏拉图

Love is like the wind, you can't see it, but you can feel it.

——*Nicholas Sparks*

爱就像风一样，你看不到它，却能感觉到！

——尼古拉斯·斯帕克思

Love is the salt of life.

——*John Sheffield*

爱情是生命的盐。

——约翰·菲尔德

"你有多爱我？"

"让我想想啊。"

"你知道的吧，我家乡没有什么特别的景点，倒是山清水秀的，有一些算是喀斯特地貌的溶洞。其中最大的那一个溶洞叫作孽龙洞。很奇怪的名字吧，神话故事中大概的意思就是有一条龙，总是欺负乡亲们，最终被厉害的神仙给封在了溶洞之中，毕竟是坏龙，取名叫孽龙就很好理解了。你知道的，就是那些老土的神话套路啊。"

"家乡的政府为了促进旅游业发展，觉得孽龙洞不好听，就改成义龙洞了；希望能够吸引更多的旅客。当然没啥用啊，旅游业多难发展啊。而且老乡们嘴里还是叫孽龙洞，后来过了几年就又改回来了。"

"这个溶洞当时开发，也就开发了一小半，前面的半段为了吸引旅客，布满了大量的廉价的灯泡，红红绿绿的，照亮道路，也想要营造所谓神秘的气氛；但是后面的部分，由于旅客很少，开发商也就半途而废了，简单的立了块牌子不让游客往里走了。"

"后来，有一年小学春游，学校又组织我们大家去参观孽龙洞；其实大家都来过好多次了，没什么特别的意思；我们几个小伙伴走到有灯的尽头，不知谁突然提出来，既然是溶洞，肯定另一头一直往前走就能够走出来的；大家要不要一起探险啊？毕竟带了手电筒啊，而且探险多刺激啊。"

"结果真的往前走了，反正也没人管。真的很害怕啊，越往里走，就越是没有光，但是毕竟是冒险，谁也不愿意第一个说往回走。辇龙洞啊，这才第一次让人觉得有冷风飕飕，隐约还有水滴的声音，似乎脚也发软了，深不见底啊，真是深不见底了。每走一步，都觉得就要回不来了，再也回不来了。"

"你在说啥啊？我问你到底有多喜欢我？"

"没有底，深不见底啊，就像那天的辇龙洞。"

亲爱的朋友，你们也会被逼绕着圈儿来描述自己"有多爱你"吗？